高等职业教育教材

有机化学综合实验

姜文涛 主 编
曹兴波 丁春月 副主编

化学工业出版社
·北京·

内容简介

《有机化学综合实验》主要介绍有机化学实验的基本知识、常用操作和典型有机化学品的合成制备与质量评价等内容。 教材基于工作过程，按照学生认知规律，先从有机化学品合成中通用的基本操作技术出发，设置熔点测定、折射率测定、重结晶、常压蒸馏等10个基本操作，每个操作都设置了具体的操作要点与考核评分表；在此基础上，筛选设置乙酸乙酯的制备等12个综合实验，每个实验穿插不同的合成、分离与纯化基本操作，同时附有对应的项目工作报告。 综合实验可全方位锻炼学生的理论逻辑思维、实践操作技能和创新探究能力，对实验过程、数据记录与处理、结果评价等设置了具体可落地的考核评价标准，有利于学生针对性地提高实验实训能力和实验综合素养。 本书中涉及的工作任务单，可登录化学工业出版社教学资源网免费下载。

本书可作为高职本科、高职专科的石油化工生产技术、应用化工技术、现代精细化工技术、现代分析测试技术等专业的教学用书。

图书在版编目（CIP）数据

有机化学综合实验 / 姜文涛主编 ; 曹兴波，丁春月副主编. -- 北京 : 化学工业出版社，2025. 1. -- （高等职业教育教材）. -- ISBN 978-7-122-46772-0

Ⅰ. O62-33

中国国家版本馆 CIP 数据核字第 2024BK3712 号

责任编辑：王海燕　提　岩　　　　文字编辑：邢苗苗
责任校对：杜杏然　　　　　　　　装帧设计：刘丽华

出版发行：化学工业出版社
（北京市东城区青年湖南街 13 号　邮政编码 100011）
印　　装：河北鑫兆源印刷有限公司
787mm×1092mm　1/16　印张 9¾　字数 227 千字
2025 年 1 月北京第 1 版第 1 次印刷

购书咨询：010-64518888　　　　售后服务：010-64518899
网　　址：http://www.cip.com.cn
凡购买本书，如有缺损质量问题，本社销售中心负责调换。

定　　价：32.00 元

前言

党的二十大以来，我国深入实施创新驱动发展战略，赋能产业高质量发展。有机化工产业转型升级与绿色安全生产对有机合成人员创新合成工艺、精细反应过程控制和提升高附加值产品质量提出了更高的要求。“有机化学综合实验”是石油化工生产技术、应用化工生产技术等专业的重要实践课程，旨在培养学生的基本操作技能和良好的职业素养。

为了更好地培养学生的设计与思考能力、实践操作技能和良好的职业素养，本书以综合能力培养和职业素养提升为本，编写时从应知应会到基本单元操作再到典型化学品制备与分析评价综合大实验，内容由浅入深、循序渐进，分层次逐步提升学生的知识与技能水平、认知与实践能力。融合“岗课赛证”，重构实验内容，将验证性实验有机融入综合大实验中，通过对合成产品质量分析，夯实理化性质等理论知识。对接国家职业院校技能大赛评分标准，对有机化学基本单元操作和综合大实验配套设计评分指标，落地考核评价；配套实验项目工作报告，全面提升学生的规范意识、环保意识、安全意识以及分析数据、呈现工作结果的能力。

本书内容较好地体现了“四导向、三原则”编写要求。四导向：(1) 岗位任务导向重构教学内容，很好地适应和契合高职以任务驱动、项目导向的“教、学、做”一体化教学改革趋势；(2) 工作流程导向实施实验过程，从实验前 HSE 要素分析、物料核算、溶液配制到实验装置搭建、投料、反应过程控制再到产品分离与纯化、性质鉴定与分析评价，按照岗位工作流程完成实验，将验证性实验纳入该流程中，让学生对自己的产品进行性质检验，提升学生的质量控制意识；(3) 大赛标准导向落地考核评价，使操作过程可评可测，全方位提升学生对操作细节和关键技能点的掌握能力；(4) 素养提升导向撰写工作报告，强化过程重现，注重结果评价。三原则：(1) 安全原则，注重融入危险化学品使用规则、实验室事故预防与处理等安全要素；(2) 绿色环保原则，有效渗透原料选择和“三废”处理等环境要素；(3) 整洁有序原则，引入 6S 管理，强化学生劳动精神培育和良好职业习惯养成。

本书由东营职业学院姜文涛任主编，由东营职业学院曹兴波、丁春月任副主编，东营职业学院向玉辉和李烁、东营市科学技术协会助理研究员王秀风、山东柏森化工技术检测有限责任公司工程师刘金升、东营市垦利区危化品道路运输行业联合会孙同礼参编。其中，姜文涛编写第 1 章应知应会 1、4，第 2 章操作 2、5、8，第 3 章实验 1～5；王秀风编写第 1 章应知应会 2、3；丁春月编写第 2 章操作 1、3、4；孙同礼编写第 2 章操作 6、7；向玉辉编写第 2 章操作 9、10；曹兴波编写第 3 章实验 6～8；刘金升编写第 3 章实验 9、10；李烁编写第 3 章实验 11、12。全书由姜文涛统稿，东营职业学院张新锋教授主审。

本书在编写过程中，得到了化学工业出版社的大力支持，在此一并表示感谢。

由于编者的水平有限，教材难免存在不妥之处，恳请广大读者批评指正。

编者

2024 年 10 月

目录

第1章

有机化学实验概述

有机化学实验是化学、化工类专业开设的一门学科基础课程，是有机化学教学的重要组成部分。有机化学实验的基本任务和教学目的是：

通过实验实训，学会根据实验原理安装有机化学反应装置，学会有机物的鉴定、制备和提纯方法，夯实有机化学实验的基本操作和技能，培养观察与记录、分析与判断以及撰写实验工作报告等多方面的能力和严肃认真、实事求是的科学态度，同时通过实验细节操作，强化安全意识、环保意识，培养劳动精神和小组协作精神。

应知应会1　有机化学实验要求

在实验前，认真预习有关实验内容，明确实验的目的和要求，了解实验的基本原理、内容和方法，熟悉实验所用仪器设备及所用试剂、药品的理化性质，查阅健康-安全-环境管理体系（HSE）内容，写好实验方案。

在实验过程中，养成细心观察实验现象和及时记录实验数据的良好习惯。凡在实验中所涉及的物料质量、体积以及溶液温度等数据，应及时如实地进行记录。有异味或有毒物质的操作必须在通风橱内进行，同时做好个人防护。实验过程中产生的无机废液、有机废液、废固等废弃物及时分类回收。

实验完成后，整理实验台面，所有玻璃仪器及时归位，有序摆放；桌面保持清洁和干燥。不得将实验所用仪器、药品随意带出实验室。值日生要做好实验室卫生，检查实验室安全，关好水、电、气及门窗。

应知应会2　有机化学实验安全知识

在有机实验室经常使用有机试剂、溶剂和各种玻璃仪器，如果使用不当或者不规范，很可能会发生诸如着火、爆炸、中毒、灼伤、割伤和触电等事故。防止实验事故的发生，能应急处理事故是每一个化学实验工作者必须具备的素质。本节主要介绍用电、防火与灭火、化学药品与试剂使用等安全知识。

一、安全用电常识

违章用电可能造成火灾、仪器设备损坏，严重时导致人身伤亡。有机化学实验室使用电器较多，特别要注意安全用电。表 1-1 列出了不同强度交流电通过人体时的反应情况。

表 1-1　不同电流强度时的人体反应

电流强度/mA	1～10	10～25	25～100	＞100
人体反应	麻木感	肌肉强烈收缩	呼吸困难，甚至停止呼吸	心脏心室纤维性颤动，死亡

为防止触电，实验者应牢记以下几点：

① 实验前先检查用电设备，再接通电源；实验完成后，先关仪器设备，再关闭电源。

② 勿用湿手或者手持潮湿物体接触电器。

③ 勿用潮湿的金属物质或其他工具拨、拉电线。

④ 发现电器设备冒烟时，要迅速切断电源后再进行检查。

⑤ 如遇电器发生火灾，要先切断电源，切忌直接用水扑灭，以防触电。

⑥ 如遇电线起火，立即切断电源，用沙或二氧化碳、四氯化碳灭火器灭火，禁止用水等导电液体灭火。

⑦ 如有人触电，应迅速切断电源，然后进行抢救。

二、防火与灭火常识

（1）有机实验室所用试剂、溶剂大都易燃，在实验时操作不当引起着火是经常发生的实验事故之一。为防止着火，实验者应注意以下几点：

① 实验过程中尽量防止或者减少易燃液体的挥发，尽量在通风良好的环境下处理易燃物，同时远离明火。

② 勿用敞口容器放置易燃、易挥发的化学药品或者溶剂。加热低沸点（一般小于80℃）的试剂时，应采用间接加热代替明火加热。

③ 实验后，将易燃、易挥发废液倒入专门回收装置进行处理。

④ 在使用油浴时，防止冷水进入热油中引发火灾。

（2）实验室如若发生火灾，首先，立即切断电源，移走易燃物。然后根据易燃物的性质和着火程度，选用恰当的方法和措施进行灭火。

① 烧瓶中反应物着火，用石棉布盖住反应瓶口即可灭火。

② 实验台面着火，若火势不大，用湿抹布或者沙子覆盖即可灭火。

③ 衣服着火，应就近卧倒，可在地上滚动进行灭火，切记不要在实验室乱跑。

④ 火势较大，应采用灭火器灭火。不同的药品或者仪器着火，所用灭火器种类不同（见表 1-2）。灭火器灭火时，从火的上风或侧风向朝火焰根部喷射。

表 1-2　灭火器的性能与使用范围

灭火器类型	主要成分	使用范围
二氧化碳灭火器	液态 CO_2	适用于扑灭精密电子仪器、贵重设备以及忌水化学品着火
泡沫灭火器	$NaHCO_3$ 和 $Al_2(SO_4)_3$	适用于扑灭油制品、油脂等引起的着火
干粉灭火器	碳酸氢钠等盐类物质与适量的防潮剂和润滑剂	适用于易燃、可燃气体和液体及带电设备的初起火灾
四氯化碳灭火器	液态 CCl_4	适用于扑灭电气设备，小范围的丙酮、汽油等引起的着火。不能用于金属钾、钠的着火

⑤ 钠、钾、镁、铝粉、电石、过氧化钠着火，应用干沙灭火。

三、化学药品与试剂安全使用常识

有毒药品、试剂的使用，应注意以下几点：

① 实验前，了解并列出所用药品的有害因素及防护措施。

② 操作有毒有害气体（如 Cl_2、Br_2、H_2S 和浓盐酸等）和有毒有害液体（苯、四氯化碳、乙醚、硝基苯）应在通风橱内进行。

③ 苯、汞等药品能透过皮肤进入人体，应避免与皮肤接触。

④ 氰化物、高汞盐［如 $Hg(NO_3)_2$、$HgCl_2$］等、可溶性钡盐（如 $BaCl_2$）、重金属盐（如镉、铅盐）、三氧化二砷等剧毒药品，应妥善保管，使用时要特别小心。

可燃气体与空气混合，当两者比例达到爆炸极限时，受到热源诱发，极可能会引起爆炸。一些气体的爆炸极限见表 1-3。

表 1-3　与空气相混合的某些气体的爆炸极限（20℃，1 个大气压下）

气体	爆炸高限（体积分数）/%	爆炸低限（体积分数）/%	气体	爆炸高限（体积分数）/%	爆炸低限（体积分数）/%
氢	74.2	4.0	乙酸	17.0	4.1
乙烯	28.6	2.8	乙酸乙酯	11.4	2.2
乙炔	80.0	2.5	一氧化碳	74.2	12.5
苯	6.8	1.4	水煤气	72	7.0
乙醇	19.0	3.3	煤气	32	5.3
乙醚	36.5	1.9	氨	27.0	15.5
丙酮	12.8	2.6			

易燃、易爆药品的使用，应注意以下几点：

① 实验前，了解和列出所用易燃、易爆药品的可能有害因素及防护措施。

② 使用可燃性气体时，要防止气体逸出，严禁同时使用明火，保证室内通风良好。

③ 叠氮化物、乙炔银、铜、高氯酸盐、过氧化物等受震和受热均易引起爆炸，使用

时要特别小心。

④ 久藏的乙醚使用前应除去其中可能产生的过氧化物。

皮肤接触了高温、低温或者腐蚀性物质后，均可能被灼伤。为避免灼伤，在接触这些物质时，应戴好防护手套和护目镜，发生灼伤时按照以下方法进行处理：

① 被强酸灼伤：浓酸沾在皮肤上，先用大量水清洗，然后用1%～3%碳酸氢钠溶液清洗，最后涂上烫伤膏。

② 被强碱灼伤：浓碱沾在皮肤上，先用大量水清洗，然后用1%～3%乙酸或者硼酸溶液清洗，之后再用水清洗，最后涂上烫伤膏。

③ 被液溴腐蚀：应立即用大量水清洗，再用乙醇擦拭至伤处呈白色，然后涂上甘油。

④ 被热水烫伤：一般在患处涂上红花油，然后擦烫伤膏。

应知应会3　有机化学实验的实施方法

一、加热

为了提高反应速率，大多数有机化学反应往往需要加热。加热是化学实验中最基本的操作之一。加热的方法很多，可根据具体实验的要求，选择不同的加热方法。常用的加热方式有空气浴、水浴和油浴。

1. 空气浴

空气浴是让热源把局部空气加热，空气再把热量传给待加热容器。

电热套（图1-1）加热是比较简便的空气浴加热方式，能加热到300℃左右，是有机化学实验中最常用的加热方法。安装电热套时，要使电热套内壁与反应瓶外壁保持约1cm的距离，以便进行空气传热和防止局部过热等。

2. 水浴

水浴适用于加热温度不超过100℃的反应。如果加热温度低于90℃，可直接浸在水中加热，热浴液面应略高于反应瓶中的液面。如果加热温度在90～100℃时，可采用沸水浴或蒸汽浴进行加热。水浴锅如图1-2所示。

图1-1　电热套

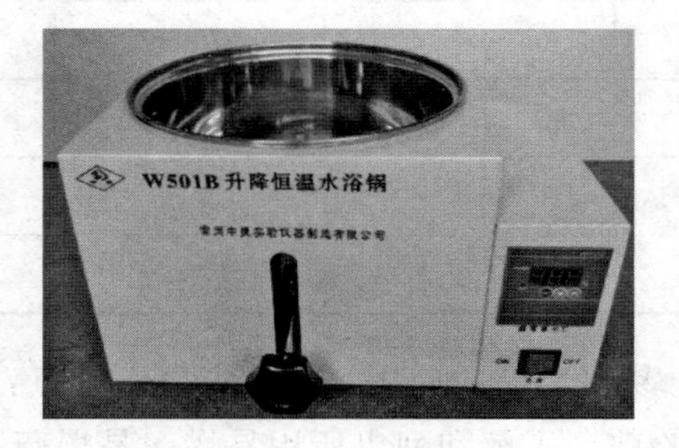

图1-2　水浴锅

3. 油浴

加热温度在 100～250℃时，既可以用电热套加热，也可用油浴加热。使用油浴的优点是反应物受热均匀。不同种类的油加热所能达到的最高温度不同（表 1-4）。

表 1-4　几种不同种类的油的加热温度

种类	加热温度	注意事项与使用说明
甘油与邻苯二甲酸二丁酯混合液	140～150℃	温度过高，容易分解； 使用过久的甘油，使用前先除去吸收的水分
植物油	可加热到 220℃	加入 1%对苯二酚可增加受热时的稳定性； 达到闪点，易燃烧
液体石蜡	可加热到 220℃以上	虽不易分解，但易燃烧
固体石蜡	可加热到 220℃以上	室温时凝固，便于保存
硅油	可加热到 250℃以上	价格较贵

用油浴加热，要在油浴锅中放置温度计，以便随时观察油浴的温度。需要特别注意的是，防止油在使用过程中由于受热、溢出等引起燃烧。为安全起见，可用一块有中间圆孔的石棉板盖住油浴锅。

二、冷却

有机化学反应中，有时反应温度过高了，会产生一系列副反应，需要及时降温；有时一些有机化学反应，如重氮化反应需要在低温下进行，需要创造低温浴；有时为了减少某一物质在溶剂中的溶解度，也需要对体系降温。实现以上过程，经常用到不同的冷却方法。不同种类的冷却剂所能达到的最低温度不同（表 1-5）。

表 1-5　几种不同种类的冷却剂的冷却温度

冷却方式	冷却温度	使用说明
冰-水冷却	0℃及以上	可将容器直接浸入冷水，也可用冷水在容器外壁流动进行降温
冰-盐冷却	0℃以下	食盐和碎冰不同比例混合，温度不同，如按 33∶100 混合，可将温度控制在－5℃至－18℃
干冰/干冰-有机溶剂冷却	－78℃至－50℃	干冰与乙醇、丙酮或氯仿等混合，这种冷却剂应放在绝热效果好的容器中使用，如广口保温瓶
低温浴槽冷却	－30℃至 30℃	反应瓶浸在乙醇溶液中

三、干燥

干燥是除去物质中少量水分或者少量溶剂的方法。如果试剂和产品不进行干燥或干燥不完全，将影响有机化学反应、定性及定量分析、波谱鉴定和物性参数测定的结果，故干燥是一种常用而又重要的分离、提纯有机化合物的基本操作之一。

根据除水原理，干燥的方法主要有物理法和化学法两种。物理法有加热、冷冻、分馏、恒沸蒸馏、吸附、抽真空等。化学法是利用干燥剂与水反应进行除水。干燥剂可以分成两类：第一类干燥剂能与水结合，进行可逆反应，生成水合物，如无水氯化钙、硫酸镁等；第二类是干燥剂能与水结合，进行不可逆反应，生成新的化合物，从而除去水分，如氧化钙等。

1. 液体化合物的干燥

液体化合物的干燥，通常是将干燥剂直接加入待干燥的液体中进行的。选择干燥剂时应注意，干燥剂不能与被干燥的液体发生化学反应，也不溶于要干燥的液体。例如碱性干燥剂不能用于干燥酸性化合物等。

（1）干燥剂用量　干燥剂的用量与含水量、被提纯物本身的性质有关。一般每 10mL 液体加入 1g 左右的干燥剂即可。如果被干燥的是醇、胺或者羧酸类等含有亲水基团的物质，因其含水量一般较大，需要的干燥剂略多些。需要注意的是，干燥剂亦有吸附作用，加入量过多，会使有机物损失，影响收率。

（2）干燥操作

① 将初步分离水分的液体（肉眼看不到明显水分）加入锥形瓶中；

② 加入适量干燥剂，塞紧瓶塞；

③ 轻轻振摇锥形瓶后静置观察，如果发现液体浑浊或者干燥剂粘在瓶壁上，应继续补加干燥剂，直至瓶中液体澄清或新加的干燥剂不结块、不粘壁；

④ 静置半小时或者放置过夜；

⑤ 将干燥好的液体滤入适合容器或者过滤后进行蒸馏。

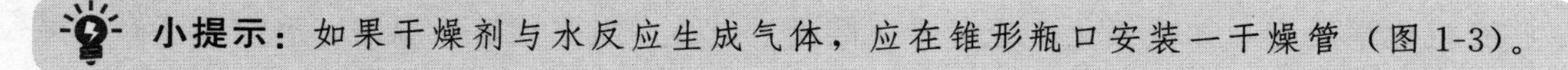
小提示：如果干燥剂与水反应生成气体，应在锥形瓶口安装一干燥管（图 1-3）。

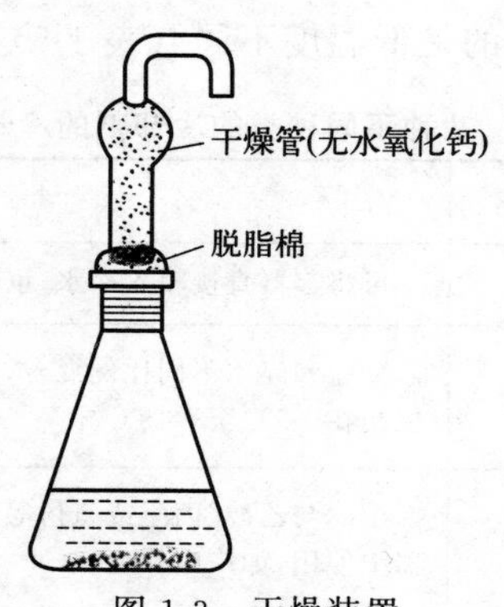

图 1-3　干燥装置

2. 固体化合物的干燥

固体化合物的干燥，通常是指除去残留在固体中的少量水分或溶剂。根据实验需要，选择合适的干燥方法。

（1）自然晾干　对性质比较稳定、在空气中不吸潮、不分解的固体有机物，可以将其摊成薄层放到干净的表面皿上，在空气中自然晾干。这种方法可除水或易挥发溶剂，操作简单又经济。

（2）烘干　对熔点较高、热稳定好的固体有机物，可以将其放到表面皿上，使用恒温烘箱或红外线灯加热烘干。加热时，随时翻动以免结块。需要注意的是，加热温度应低于有机物的熔点，以防止固体熔化。

（3）用干燥器干燥　对于易吸潮、易升华或对热不稳定的固体有机物可放在干燥器中进行干燥，一般干燥时间较长。常用的干燥器有普通干燥器和真空干燥器（图 1-4）。

图 1-4　真空干燥器

① 普通干燥器是带有磨口盖子的玻璃缸，内有一个多孔瓷板。缸口和盖子磨口处涂有凡士林，以使之密闭良好。多孔瓷板上放置被干燥的固体物质，瓷板下面放干燥剂。常用的干燥剂有无水氯化钙、浓硫酸等。干燥剂吸水后应及时更换。

② 真空干燥器盖子上带有磨口活塞，将活塞与真空泵连接抽真空后，可使干燥速度加快，干燥效果更佳。

3. 干燥操作考核指标

干燥操作考核指标及评分标准见表 1-6。

表 1-6　干燥操作考核评分表

实验内容	考核指标	配分	实际操作情况	得分
液体干燥	干燥剂选择正确			
	干燥剂用量适宜(不粘壁、不结块)			
	干燥剂颗粒大小适中			
	静置时间充分(一般不小于半小时)			
	静置干燥时盖好玻璃塞			
	干燥后液体澄清透亮			
	若干燥时有气体放出，锥形瓶上方放置干燥管			
	干燥效果好(可用硫酸铜检验)			
固体干燥	干燥方法正确			
	表面皿洁净、干燥			
	烘干温度低于熔点(无熔化现象)			
	自然晾干时表面皿上放一张滤纸			

续表

实验内容	考核指标	配分	实际操作情况	得分
固体干燥	(真空)干燥器使用熟练,手法正确			
	使用干燥器前检查干燥剂是否可用			
	用真空干燥器干燥时,会正确使用真空泵			

四、搅拌

在有机合成实验中，为了使混合物更好地混合均匀、加快反应速率以及使得反应过程中产生的能量及时得到传导，在实验过程中经常用到搅拌操作。尤其是非均相反应，搅拌更是不可或缺的操作。实验室常用的搅拌器除了最简单的玻璃棒外，还经常用到磁力搅拌器和电动搅拌器。

1. 磁力搅拌器

磁力搅拌器又称电磁搅拌器（图 1-5）。使用时，将磁子（转子）放入盛有物料的容器中，将容器放在磁力搅拌器上，通电后，磁子将会转动起来，对溶液起到搅拌作用。带有加热装置的磁力搅拌器可同时搅拌和加热。

图 1-5　磁力搅拌器

使用磁力搅拌器时应注意以下几点：

① 使用之前确保调速旋钮和控温旋钮调至为零。

② 磁子要沿容器壁慢慢放入容器中，以防重力作用导致容器破碎。

③ 调速旋钮顺时针方向旋转，转速由慢到快，调至所需速度，转速不宜过快，以防磁子脱离磁铁吸引。

④ 加热过程中，要防止烫伤，防止烫坏电源线。

⑤ 仪器使用完毕将调速旋钮和控温旋钮调至为零。

⑥ 实验结束后，将磁子及时清洗干净。

2. 电动搅拌器

电动搅拌器（图 1-6）一般用于常量的非均相反应，搅拌速度快，力度大，有利于两相界面的接触，从而促进反应进行。

使用电动搅拌器时应注意以下几点：

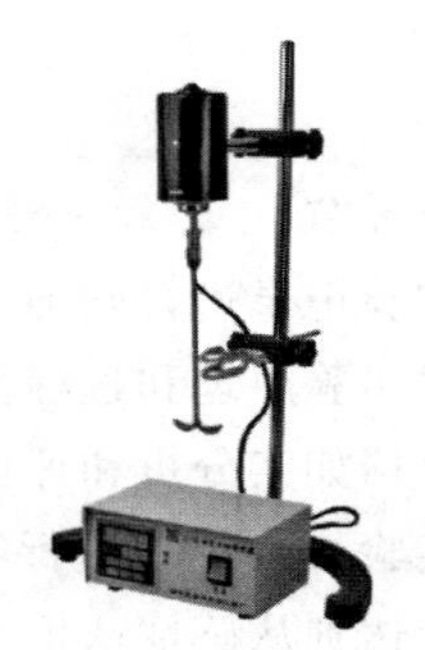

图 1-6　电动搅拌器

① 使用前先将搅拌棒与电动搅拌器连接好，再将搅拌棒用套管或塞子与反应瓶固定好，整个装置安装正直、稳固。

② 安装时，反应瓶至搅拌棒下端留有一定距离，一般以 5mm 左右为宜。

③ 试验运转情况。先用手转动搅拌棒，看是否转动灵活。如不灵活，应找出摩擦点，进行安装调整，直至转动灵活。

应知应会 4　有机化学实验学习指引

一、实验预习

为了做好实验和避免事故发生，在实验前必须对所要做的有机实验进行全面的预习。

预习的内容包括：实验目标、化学反应原理、实验装置图、实验所用试剂和药品以及它们在实验过程中产生的有害因素（包括环境污染、安全隐患等）、反应物和产物的理化性质及规格用量、实验操作要领及注意事项等。

实验预习笔记可用流程图表示，也可用文字书写，叙述简明扼要，以便在对照预习笔记进行操作时能够一目了然。

二、实验记录

实验记录是培养严谨科学作风和良好工作习惯的重要环节。在数据记录纸上及时、准确地记录实验数据是实验者必备的基本素质。具体记录的内容包括：

① 实验具体时间、地点以及同组学生姓名（或个人实验）；

② 使用玻璃仪器、测试设备的规格和型号；

③ 实验过程中物料的规格、称量的质量、量取的体积、反应的温度等；

④ 实验过程中涉及的基本操作步骤和实验现象；

⑤ 反应过程中加入物料的次序、试剂的滴加时间等；

⑥ 产品的产量、产率以及产品测定的物理常数（如折射率、熔点等）；

⑦ 实验中出现的异常现象等。

三、工作报告撰写

工作报告撰写是实验教学的重要环节。

实验操作完成后，根据自己的实验记录进行归纳总结、分析讨论形成工作报告。撰写工作报告时应该做到：简明扼要叙述实验原理和过程，文字呈现条理清楚，实验装置图清晰美观；结合实验过程，利用实验数据如实分析和评价实验结果；对实验过程中出现的问题（如产品收率低、产品纯度低、实验失败等）进行实验讨论与分析，提出改进性建议。通过实操训练、数据分析和结果评价达到从感性认识上升到理性认识的目的。

工作报告内容应包括：实验过程中必须做好的健康、安全、环保措施，实验原理，关键物料计算和实验过程简述，数据记录和处理，结果评价和思考题答案等。

附：工作报告样例（参考）。

乙酸乙酯的制备与质量评价
项目工作报告

专业：	班级：	姓名：
学号：	实验日期：	温度：
小组及成员：	报告评定：	

一、HSE

实验前通过查阅资料，了解实验所需物料的理化性质、所用玻璃仪器及用电过程中存在的健康、安全和环保要素，并写出相应的预防措施。如：

① 在药品使用方面，乙酸具有腐蚀性，其蒸气对眼、鼻和呼吸道黏膜有刺激性作用，取用时在通风橱中进行，并且戴好口罩和手套。如果不慎，皮肤或眼睛接触到乙酸，应立即用大量清水冲洗，必要时及时就医。

②“三废”处理方面，将实验中产生的无机废液、有机废液、废固等废弃物，分类回收后处理。

二、物料核算及分析

1. 实验原理

在一定温度下，乙醇与乙酸发生如下主反应：

$$CH_3CH_2OH + CH_3COOH \xrightleftharpoons[110 \sim 120℃]{H_2SO_4} CH_3COOCH_2CH_3 + H_2O$$

乙醇与乙酸反应制备乙酸乙酯是可逆反应，本实验采取乙醇过量和不断将产品乙酸乙酯及水蒸馏出体系的方法，以提高反应收率。实验过程中严格控制好温度，温度过高，将有乙醚等副产品生成。

$$2CH_3CH_2OH \xrightarrow[140℃]{H_2SO_4} CH_3CH_2OCH_2CH_3 + H_2O$$

2. 物料核算

根据实验要求和药品物性参数，核算乙醇和乙酸的用量，并写出详细的计算过程。

原料	分子量	相对密度	质量/g	体积/mL
无水乙醇	46.07	0.789		
乙酸	60.05	1.049		
浓硫酸	98.08	1.84		

3．问题分析

例如本实验要求分析乙醇或者乙酸过量的原因（实验者分析回答）。

三、实验仪器与装置

1．确定实验所需玻璃仪器（名称、规格、个数）

序号	仪器	规格及个数
1	单口烧瓶	100mL,1个
2	三口烧瓶	100mL,1个
3	锥形瓶	100mL,4个
…	……	……

2．实验装置图

要求：铅笔作图，装置图只需画出主要玻璃仪器。如图1-7和图1-8所示的反应装置示意图和蒸馏（精制）装置示意图。

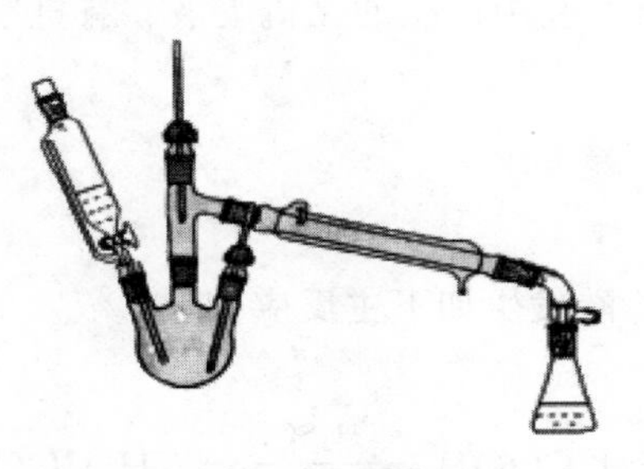

图1-7　反应装置示意图

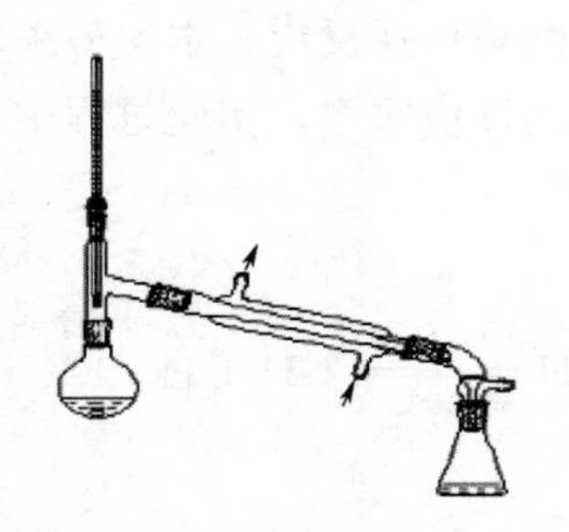

图1-8　蒸馏（精制）装置示意图

四、实验操作及数据记录

1．乙酸乙酯制备阶段

将乙醇和硫酸加入盛有磁力搅拌子的三口烧瓶中，在滴液漏斗中加入乙酸和乙醇，混合均匀。开始加热并启动搅拌子，待三口烧瓶中的液体温度升至110～120℃时，开始滴入乙醇和乙酸的混合液，调节滴液速度，使滴入和馏出速度大致相等，反应结束后，停止加热，收集保留粗产品。

（1）物料称量及数据记录

（2）投料（结合项目报告中内容，分析投料顺序对实验安全的影响）

（3）反应与控温（结合项目报告中内容，填写实验控温相关内容）

（4）结束反应

2. 乙酸乙酯精制阶段

（1）溶液配制（描述配制过程及结果）

（2）描述精制过程，并及时记录相关数据（结合项目报告内容，填写关键步骤及实验数据）

五、数据处理与质量评价

1. 根据实验要求，分析实验数据，计算产品纯度和产率。

2. 结合实验过程和实验数据，进行质量评价。

□装置接口松动，蒸馏时产品损失

□控温失败，导致副产品生成过多

□不按规定顺序投料或者反应过程中出现炭化

□分液时未充分静置

□产品干燥时使用干燥剂（硫酸镁）过多

□蒸馏时未去除前馏分

□洗涤不充分，导致产品中乙醇等杂质过多

□产品没有密封，导致挥发较多

结合以上方面进行结果评价分析，如：本实验产物纯度较高，达到99.17%。一方面原因是，在反应过程中通过调节原料滴加速度、适时调节热源加热力度等措施保证控温成功，生成的副产品较少；另一方面原因是，在精制阶段，注意对蒸馏液馏出速度的把控，准确去除了前馏分。同时，洗涤比较充分，使产品中杂质残留极少。

六、实验思考题（略）

七、其他（实验者需要补充说明或者质疑的相关问题。若无，省略本项）

第2章

有机化学实验基本操作

操作1　熔点测定

【实验目标】

（1）了解熔点测定的原理和意义。

（2）掌握毛细管法测定熔点的操作技术。

【实验原理】

熔点是晶体物质在一定大气压下达到固液平衡时的温度，此时固液两相平衡共存，且蒸气压相等。纯净的固体有机化合物一般都有固定的熔点，故测定熔点可鉴定有机物。受各种因素的影响，晶体的实际熔解需要经历初熔和全熔等复杂过程。初熔是晶体的尖角和晶体的棱边变圆时的温度（或观察到有极少量液体出现时的温度）；全熔是晶体刚好全部熔化时的温度。熔程则是全熔与初熔温度之差。化合物中混有杂质时，熔点会下降，熔程增大，故根据熔程的长短可检验有机物的纯度。

【实验装置】

有机化合物最常用的测定熔点的方法为毛细管法。毛细管法测定晶体熔点的主要仪器有b形管、温度计和一端封闭的毛细管［如图2-1(a)］。毛细管封闭端盛放待测晶体并与温度计绑在一起［如图2-1(b)］放入b形管中，b形管中放入载热体（根据物质的熔点选择，一般用液体石蜡、甘油、硅油等）。

【操作步骤】

1. 试样填装

取少许待测干燥样品置于干净的表面皿上，并集成小堆。取一支一端封口的熔点毛细管，由开口端装入样品。取一支玻璃管，一端放置在桌面上，将毛细管的封口端朝下，开

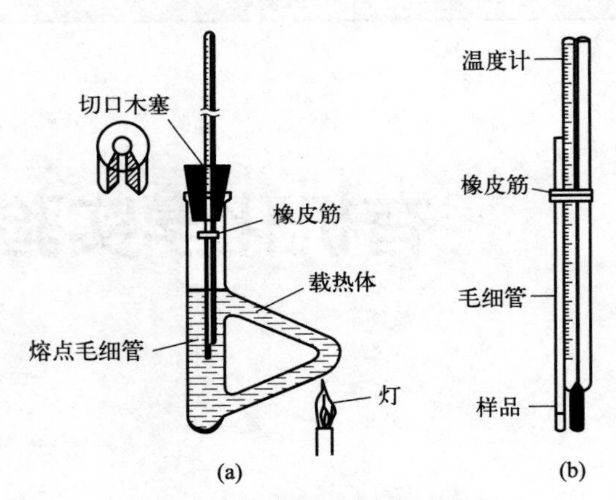

图 2-1 熔点测定装置示意图

口端朝上，从玻璃管的上端自由落下，上下弹震几次，使在开口端的试样落入底部，如此反复几次。最终使得毛细管中的试样致密高度为 2～3mm。

2. 加入载热体

选择合适的载热体装入 b 形管中，载热体液面最高处略高于 b 形管支管上沿（载热体加热后能够在 b 形管内呈对流循环）。

3. 装置固定

用橡皮筋固定好填充样品的毛细管与温度计，使毛细管中样品处于温度计水银球中部，将温度计放入 b 形管中，使水银球处于 b 形管的两岔口中部，将 b 形管固定在铁架台上。

4. 熔点测定

在测定已知熔点的样品时，开始时可以快速加热，在距离熔点 10℃左右时，以 1～2℃/min 的速率加热，越接近熔点，控制加热速度越慢，直至测出熔点或者熔程。在测定未知样品的熔点时，可先快速粗测用以获得未知样品的熔点范围，再按上述方法进行精测。加热过程中，观察初熔和全熔的现象并记录初熔和全熔的读数后停止加热。

5. 重复测定

待温度下降 20～30℃后，重复上述步骤三次，每次测定需要用新的毛细管装样。

【实验内容】 苯甲酸熔点测定

1. 实验仪器及用具

温度计、b 形管、熔点毛细管、酒精灯、开口橡胶塞、橡皮筋、玻璃管、表面皿、铁架台、铁夹等。

2. 试剂

苯甲酸、液体石蜡等。

3. 实验要求

按上述步骤，测定苯甲酸的熔点。平行测定 3 次，并对测定结果进行分析。

熔点测定工作报告

一、实验原理

二、实验仪器

序号	仪器	规格(个数)	备注(注意事项)
1			
2			
3			
4			
5			
6			
7			

三、画出熔点测定装置图

四、实验过程记录

1. 描述苯甲酸晶体熔点测定的步骤

2. 现象描述

(1) 初熔：________________

(2) 全熔：________________

3. 数据记录

试样名称	测定次数	测定值/℃	
		初熔	全熔
	1		
	2		
	3		

4. 结果分析

根据熔程，分析熔点测定的误差及影响因素。

熔点测定质量评价考核评分表

实验内容	考核指标	参考配分	实际操作情况	得分
工作场地管理与试剂、仪器准备(11分)	全过程无试剂洒出	2		
	全过程无仪器、设备损坏	2		
	全过程穿戴个人防护用品	2		
	在专用容器中处理废物	2		
	所有仪器用完后及时归位,工作场地规范有序	3		
实验阶段(40分)	加料步骤正确	5		
	毛细管绑定位置正确(毛细管中样品处于温度计水银球中部)	5		
	b形管中液体石蜡的量符合要求(液体石蜡加至b形管支管上沿)	5		
	装置温度计位置正确(水银球处于b形管的两岔口中部)	5		
	预热符合要求(支管均匀受热)	5		
	升温速度符合要求(1~2℃/min)	5		
	观测初熔温度符合要求(晶体的尖角和晶体的棱边变圆时的温度)	5		
	观测全熔温度符合要求(晶体刚好全部熔化时的温度)	5		
数据处理(20分)	熔程与文献值比较,按等级赋分。文献值:122~123℃。上下浮0.5℃满分,在此基础上,上下浮动每超过0.5℃扣5分	20		
报告书写(20分)	报告结构完整	4		
	数据完整清晰	4		
	装置图绘制合理	4		
	实验现象描述正确	4		
	实验原理要点描述合理	4		
文明操作(9分)	废液、废固等废弃物及时处理	3		
	桌面保持干净	3		
	器皿摆放规范	3		

操作 2　折射率测定

【实验目标】

（1）了解折射率的概念及测定原理。

（2）掌握阿贝折射仪的使用方法。

【实验原理】

折射率是有机化合物的重要物理常数。测定所合成化合物的折射率与文献值相比较，可以判断有机化合物的纯度。

折射率基于光在凝固相（液体或者固体）与空气中的传播速率不同进行测定，其定义是光在真空中的传播速率（通常用在空气中的传播速率代替）与在介质（样品）中的传播速率之比（图 2-2）。折射率通常用 n_D^{20} 表示，即以钠灯作为光源，20℃时测定的折射率值。

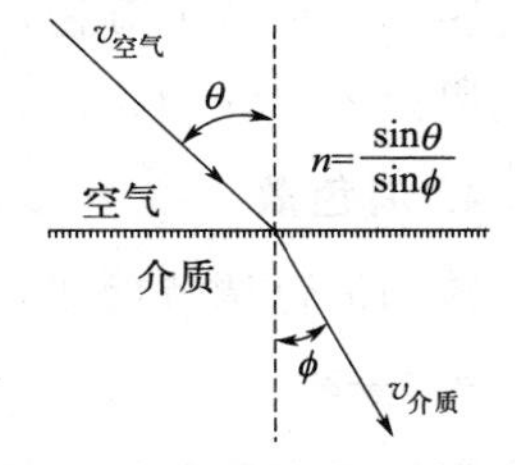

图 2-2　光在不同的介质中传播

$$n_D^{20}=\frac{v_{空气}}{v_{介质}}=\frac{\sin\theta}{\sin\phi}$$

折射率随温度的升高而降低，温度每变化 1℃，折射率大约改变 0.00045。可以通过下面的公式校正到 20℃的折射率：

$$n_D^{20}=n_D^t+0.00045(t-20℃)$$

值得大家注意的是，记录数据要保留到小数点后 4 位。它是一个非常准确的物理量并且可用于鉴定。典型的有机化合物的折射率在 1.3400～1.5600。

【实验装置】

测定折射率的常用仪器是阿贝折射仪（图 2-3）。

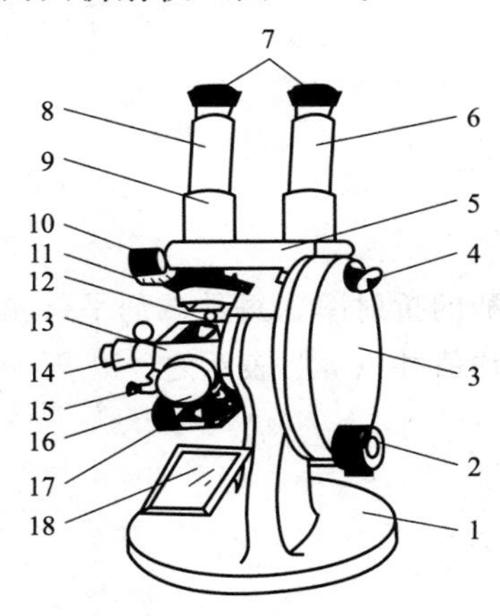

图 2-3　阿贝折射仪

1—底座；2—棱镜调节旋钮；3—圆盘组（内有刻度板）；4—小反光镜；5—支架；6—读数镜筒；7—目镜；8—观察镜筒；9—分界线调节螺钉；10—消色调节旋钮；11—色散刻度尺；12—棱镜锁紧扳手；13—棱镜组；14—温度计插座；15—恒温器接头；16—保护罩；17—主轴；18—反光镜

【操作步骤】

1. 加样

松开棱镜锁紧扳手 12，开启辅助棱镜，使其磨砂的斜面处于水平位置，用滴管加入少量丙酮清洗镜面，并用擦镜纸将镜面擦干净。待镜面洗净干燥后，滴加数滴样品于磨砂镜面上，迅速闭合辅助棱镜，旋紧棱镜锁紧扳手。

2. 对光

转动棱镜调节旋钮 2，使刻度盘标尺上的示值为最小，调节反光镜，使入射光进入棱镜组。同时，从观察镜筒中观察，使视场最亮。调节目镜，使十字线清晰明亮。

3. 粗调

转动棱镜调节旋钮，使刻度盘标尺上的示值逐渐增大，直至观察到视场中出现彩色光带或黑白分界线为止。

4. 消色散

转动消色调节旋钮，使视场内出现一清晰的明暗分界线。

5. 精调

再仔细调节分界线调节螺钉，使分界线正好处于十字线交点上，三线相交。

6. 读数

从读数镜筒中读出刻度盘上的折射率数值。为了读数准确，一般应将样品重复测定 3 次，每次读数相差不大于 0.0002，最后求 3 次测定的平均值。

7. 测量完毕

打开棱镜，用擦镜纸擦净镜面。

【实验内容】 测定蒸馏水和乙酸乙酯的折射率

1. 实验仪器及用具

阿贝折射仪、胶头滴管等。

2. 试剂

丙酮、蒸馏水、乙酸乙酯等。

3. 实验要求

分别测定蒸馏水和乙酸乙酯的折射率，每种试剂平行测定 3 次，每次读数相差不大于 0.0002，最后求 3 次测定的平均值并以 n_D^{20} 表示之。

折射率测定工作报告

一、实验原理

二、实验仪器

序号	仪器	规格(个数)	备注(注意事项)
1			
2			
3			
4			
5			
6			
7			

三、实验操作及数据处理

（一）实验操作（根据实际操作过程，简述实验步骤）

（二）实验数据记录

测定温度：__________℃

测定样品	第 1 次	第 2 次	第 3 次	平均值
蒸馏水				
乙酸乙酯				

（三）数据处理与结果评价

1. 分别计算 n_D^{20}。

2. 结合计算结果，分析折射率测定数据的重现性。

折射率测定质量评价考核评分表

实验内容	考核指标	参考配分	实际操作情况	得分
工作场地管理与试剂、仪器准备(20分)	全过程无试剂洒出	4		
	全过程无仪器、设备损坏	4		
	加热过程中佩戴护目镜	4		
	在专用容器中处理废物	4		
	所有仪器用完后及时归位,工作场地规范有序	4		
折射率测定操作(42分)	加样前用少量丙酮清洗镜面	6		
	擦镜纸将镜面擦干净后加样品	6		
	滴管滴加样品后迅速闭合辅助棱镜	6		
	目镜中十字线清晰明亮	6		
	视场内明暗分界线清晰	6		
	读数正确(精确到0.0001)	6		
	测定次数不少于3次	6		
数据记录与处理(14分)	数据记录及时、正确	5		
	n_D^{20} 计算正确	9		
报告书写(15分)	报告结构完整	5		
	实验数据完整清晰	5		
	实验原理要点正确	5		
文明操作(9分)	废液、废固、废弃物及时处理	3		
	桌面保持干净	3		
	器皿摆放规范	3		

操作 3　重结晶

【实验目标】

（1）熟悉有机物重结晶的原理和应用。

（2）掌握重结晶提纯有机物的基本步骤和操作方法。

【实验原理】

重结晶是根据被提纯物与杂质在同一溶剂中的溶解度不同而进行分离的过程。有机固体化合物一般随着温度的升高溶解度增大。重结晶的一般过程是，在较高温度时，将固体有机化合物溶于合适的溶剂中制成饱和溶液，冷却时由于溶解度降低，溶液变成过饱和析出结晶，而可溶性杂质全部或者大部分留在母液中。重结晶是提纯有机固体化合物的重要方法之一。当产品和杂质溶解度差别较大，并且杂质含量小于 5％的混合物体系进行重结晶，分离效果较好。

选择适宜的溶剂是进行重结晶的关键因素，一般溶剂的选择包括如下条件：

① 不能与被提纯物发生化学反应；

② 对产品而言，高温时能溶解大量的被提纯物，低温或者室温溶解量很少；

③ 对杂质而言，高温时溶解度很小或者在低温时相对较大；

④ 易于与产品分离，沸点较低，易于回收；

⑤ 尽量选择安全、环保、成本较低的溶剂。

【操作步骤】

1. 溶解

① 取一定质量待提纯物置于锥形瓶中，加入少量溶剂后加热使得溶液沸腾，边滴加溶剂边观察固体溶解情况。固体刚好全部溶解后，停加溶剂并记录溶剂用量。若溶剂有毒或者溶液易燃时，可以用圆底烧瓶盛放待提纯物，加热溶解前在圆底烧瓶上装上回流冷凝管（如图 2-4）。

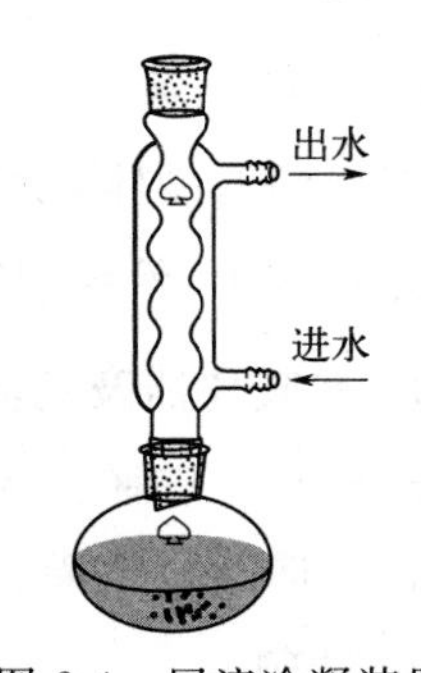

图 2-4　回流冷凝装置

② 向锥形瓶或者圆底烧瓶中补加 20％左右的过量溶剂（避免溶剂挥发和温度降低导致过滤时产品损失）。

2. 脱色

待提纯产品经常含有色杂质，不易被溶剂去除，此时可选择最常用的脱色剂——活性炭进行脱色。脱色具体过程是：待制备的沸腾饱和溶液稍冷却后，加入 5％粗产品质量的活性炭均匀分布于溶液中，加热 5min 左右即可。

思考：以下做法是否安全？

（1）直接向沸腾的饱和溶液中加入活性炭；（2）靠近电热套添加活性炭。

3. 热过滤

热过滤的目的是除去上一步溶液中的不溶性杂质。为减少产品损失，热过滤时要做到：仪器热、溶液热和动作快。

具体过程是：将预热好的漏斗放在铁架台的铁圈上，漏斗下放一小烧杯，在漏斗里放一张折叠好的滤纸，并用少量热水润湿。接着将上述热溶液尽快地沿玻璃棒倒入漏斗中，每次倒入的溶液不要太多，也不要等溶液过滤完后再加。溶液过滤完后，用少量热水洗涤烧杯和滤纸。如果晶体在漏斗中析出过多，应重新加热溶解后再进行热过滤操作。

4. 冷却结晶

将滤液静置冷却，随温度的降低，晶体逐渐从溶液中析出。这里需要注意的是，为了得到晶型好、颗粒大小均匀、纯度高的晶体，应在室温下慢慢冷却至固体析出。否则，如直接用冰或者冷水降温，冷却速度加快会使得晶体颗粒很小，同时晶体表面容易吸附杂质导致重结晶纯度降低。

5. 减压抽滤

待结晶完全析出后，用带滤纸的布氏漏斗进行减压抽滤（如图 2-5）。减压抽滤的优点是：过滤与洗涤速度较快，固液分离较完全。用少量溶剂洗涤结晶，以除去结晶表面的母液。为了将晶体表面的母液尽量抽干，可用瓶塞挤压晶体。当母液抽干后，打开安全瓶上的放空阀，用小药匙把晶体松动，再用少量溶剂进行洗涤，反复 2～3 次，最后将晶体抽干。

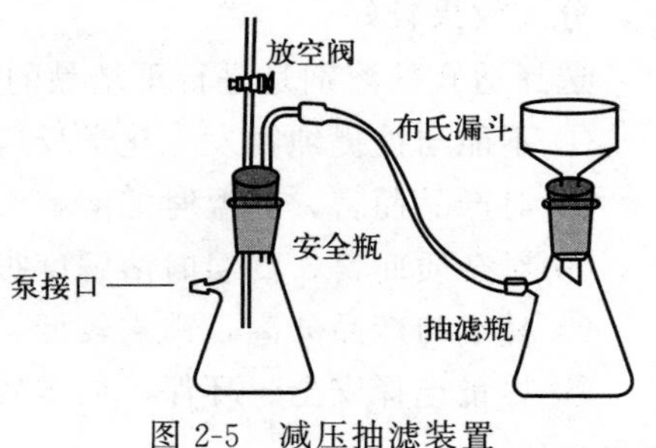

图 2-5 减压抽滤装置

6. 晶体干燥

将得到的晶体转移到表面皿中进行干燥。干燥方法见应知应会 3。

【实验内容】 苯甲酸的重结晶

1. 实验仪器及用具

锥形瓶、烧杯、铁架台（带铁圈）、酒精灯、普通漏斗、布氏漏斗、玻璃棒、抽滤瓶、滤纸、石棉网、火柴、药匙、真空泵、电子天平、表面皿等。

2. 试剂

粗苯甲酸、去离子水、活性炭等。

3. 实验要求

取 5g 粗苯甲酸进行重结晶，将得到的苯甲酸晶体进行称量，并计算产率。

苯甲酸在水中的溶解度随温度的变化较大，通过重结晶可以使它与杂质分离，从而达到分离提纯的目的。苯甲酸在不同温度时的溶解度如下：

温度/℃	25	50	95
溶解度/g	0.17	0.95	6.8

重结晶工作报告

一、实验原理

二、实验仪器

序号	仪器	规格(个数)	备注(注意事项)
1			
2			
3			
4			
5			
6			
7			

三、实验操作及数据处理

（一）实验操作（根据实际操作过程，简述实验步骤）

（二）实验数据记录

（1）粗苯甲酸质量：__________ g。

（2）制备饱和溶液加入蒸馏水的体积：__________ mL；补加的蒸馏水的体积：__________ mL。

（3）减压抽滤洗涤晶体次数：__________次；溶剂用量：__________ mL。

（4）重结晶产品质量：__________ g。

（三）数据处理与结果评价

1. 收率计算

2. 结合计算结果，分析影响重结晶收率的因素

□未制备成饱和溶液

□过滤时有粗苯甲酸未完全溶解

□滤液未充分冷却

□常压过滤时有损失

□其他（请列出）

重结晶实验质量评价考核评分表

实验内容	考核指标	参考配分	实际操作情况	得分
工作场地管理与试剂、仪器准备(10分)	全过程无试剂洒出	2		
	全过程无仪器、设备损坏	2		
	加热过程中佩戴护目镜	2		
	在专用容器中处理废物	2		
	所有仪器用完后及时归位，工作场地规范有序	2		
重结晶操作(56分)	粗苯甲酸称量规范	4		
	粗苯甲酸称量质量范围 $m-5\%\leqslant m\leqslant m+5\%$	4		
	加热溶解用玻璃棒均匀搅拌，制备成饱和溶液	4		
	饱和溶液制备后，正确补加溶剂	4		
	热过滤仪器在过滤前预热	4		
	热过滤时，用玻璃棒引流	4		
	热过滤滤纸紧贴漏斗内壁	4		
	漏斗中是否有晶体析出，若有，重新溶解	4		
	在室温下慢慢冷却结晶	4		
	冷却温度符合要求(达到室温)	4		
	真空过滤操作规范(若倒吸，扣掉全部分数)	4		
	真空过滤晶体洗涤操作规范(2～3次)	4		
	收集产品时没有撒落	4		
	干燥方式正确(在空气或红外灯下干燥)	4		
数据记录与处理(10分)	数据记录及时、正确	5		
	产率计算正确	5		
报告书写(15分)	报告结构完整	5		
	实验数据完整清晰	5		
	实验原理要点正确	5		
文明操作(9分)	废液、废固等废弃物及时处理	3		
	桌面保持干净	3		
	器皿摆放规范	3		

操作 4　常压蒸馏

【实验目标】

（1）了解普通蒸馏的用途。

（2）掌握普通蒸馏的基本原理和操作技术。

【实验原理】

将液体加热至沸腾，液体将逐渐变为蒸气，蒸气冷却则凝结为液体，这两个过程的联合操作称为蒸馏。实验证明，液体的饱和蒸气压与温度有关，与体系中液体和蒸气的绝对量无关。蒸馏可将易挥发和不易挥发的物质分离开来，也可将沸点不同的液体混合物分离开来，但液体混合物各组分的沸点必须相差很大（30℃以上）才能得到较好的分离效果。

【实验装置】

常压蒸馏装置（图 2-6）包含加热蒸发、冷却冷凝和馏分收集三部分。

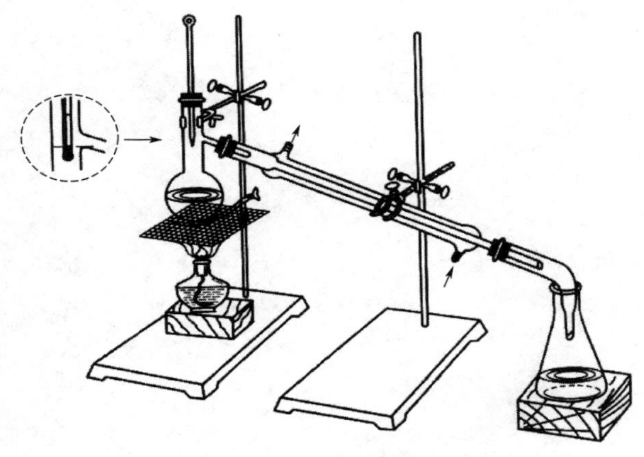

图 2-6　常压蒸馏装置

【操作步骤】

1. 加料

蒸馏装置按图 2-6 安装好后，取下温度计，在烧瓶中用漏斗加入一定体积的待蒸馏液体（为防止液体从蒸馏头支管流出，液体不能超过蒸馏烧瓶的 2/3）。加入 1～2 粒沸石，装上温度计，检查仪器各部分是否连接紧密。

2. 加热

通入冷凝水（冷凝水下进上出），用酒精灯或电热套加热，观察蒸馏瓶中现象和温度计读数变化。当瓶内液体沸腾时，蒸气上升，待到达温度计水银球时，温度计读数急剧上升。此时应控制加热速度，使蒸气不要立即冲出蒸馏头支管，而是冷凝回流。待温度稳定后，调节加热速度，控制馏出液以 1～2 滴/s 为宜。

3. 收集馏分

待温度计读数稳定后，更换另一洁净干燥的接收瓶，收集一定温度范围内的馏分（温度范围根据待蒸馏液体的沸点确定），并测量馏分的体积。

4. 拆除装置

蒸馏完毕（当温度超过收集馏分的温度范围，并迅速升高时），先停止加热，稍冷后停止冷凝水，拆除仪器。

【实验内容】 乙醇的蒸馏

1. 实验仪器及用具

圆底烧瓶（100mL）、直形冷凝管、蒸馏头、玻璃漏斗、量筒、温度计、牛角管、酒精灯、锥形瓶（2个）、铁架台（2台）、铁圈、铁夹（2个）、石棉网等。

2. 试剂

工业乙醇、沸石等。

3. 实验要求

取20mL工业乙醇进行蒸馏实验，收集77～79℃馏分，并测量馏分的体积。

常压蒸馏工作报告

一、实验原理

二、实验仪器

序号	仪器	规格(个数)	备注(注意事项)
1			
2			
3			
4			
5			
6			
7			

三、画出常压蒸馏装置图

四、实验操作及数据处理

（一）实验操作（根据实际操作过程，简述实验步骤）

（二）实验数据记录

1. 称量

工业乙醇：__________ mL。

2. 蒸馏

试样	测定值/℃	
	第一滴馏出液馏出时的温度	最后一滴馏出液馏出时的温度
工业乙醇		

3. 馏分体积

工业乙醇：__________ mL。

（三）数据处理与结果评价

1. 收率计算

2. 结合计算结果，分析影响蒸馏收率的因素

□装置气密性不好

□蒸馏温度控制不稳定

□未在正确温度范围收集馏分

□馏分在转移过程中有损失

□其他（请列出）

常压蒸馏实验质量评价考核评分表

实验内容	考核指标	参考配分	实际操作情况	得分
工作场地管理与试剂、仪器准备（10分）	全过程无试剂洒出	2		
	全过程无仪器、设备损坏	2		
	加热过程中佩戴护目镜	2		
	对相关玻璃仪器及时贴标签（或标记）	2		
	所有仪器用完后及时归位，工作场地规范有序	2		
常压蒸馏（54分）	冷凝管选择正确（选择直形冷凝管）	3		
	温度计选择正确（量程100℃）	3		
	蒸馏装置安装顺序正确	3		
	温度计水银球上端与蒸馏头下支管平齐	3		
	整个装置在同一平面上，连接处无松动	3		
	正确进行气密性检验（肥皂泡法）	3		
	整个体系是否密闭（是否存在安全隐患）	3		
	乙醇的量取是否规范	3		
	是否在加热前加入沸石	3		
	若忘记加沸石，在非沸腾状态下补加	3		
	加热方式是否正确	3		
	先预热后加热	3		
	馏分流出速度控制合理（1～2滴/s）	3		
	正确判断终点	3		
	产物馏分收集（77～79℃）	3		
	蒸馏前先开冷凝水再启动加热	3		
	蒸馏完成后先停加热后停冷凝水	3		
	装置拆卸顺序正确	3		

续表

实验内容	考核指标	参考配分	实际操作情况	得分
数据记录及处理(7 分)	及时正确记录数据,不缺项,不准随意随地记录,错一次扣 2 分	3		
	结果计算正确	4		
报告书写(20 分)	报告结构完整	4		
	试验原理要点正确	4		
	数据完整清晰,计算正确	4		
	操作要点正确	4		
	实验装置图布局合理	4		
文明操作(9 分)	废液、废固和废弃物及时处理	3		
	桌面保持干净	3		
	器皿摆放规范	3		

操作 5　水蒸气蒸馏

【实验目标】

(1) 了解水蒸气蒸馏的基本原理。

(2) 掌握水蒸气蒸馏的基本操作技术。

【实验原理】

当水和不溶于水（或难溶于水）的化合物共存时，根据道尔顿分压定律，总的蒸气压力应为各组分蒸气压之和，即

$$p=p_A+p_B$$

式中，p 为总蒸气压；p_A 为水的蒸气压；p_B 为不溶于水的化合物的蒸气压。

当混合物中各组分的蒸气压总和等于外界大气压时，混合物开始沸腾，由此可见混合物的沸点比其中任何某一组分的沸点都要低。因此，常压下用水蒸气（或水）作为其中一相，能在低于 100℃的情况下将高沸点的组分与水一起蒸出来。

用水蒸气（或水）充当不混溶相之一所进行的蒸馏操作称为水蒸气蒸馏。

思考： 水蒸气蒸馏适合何种情况下混合物的分离与纯化?

运用水蒸气蒸馏时，被提纯物质应该具备的条件有：

① 不溶或者难溶于水；

② 不与水发生化学反应；

③ 在 100℃左右，必须具有一定的蒸气压（一般不小于 1.333kPa)。

【实验装置】

水蒸气蒸馏装置（图 2-7）一般包括水蒸气发生器和普通蒸馏装置两部分。

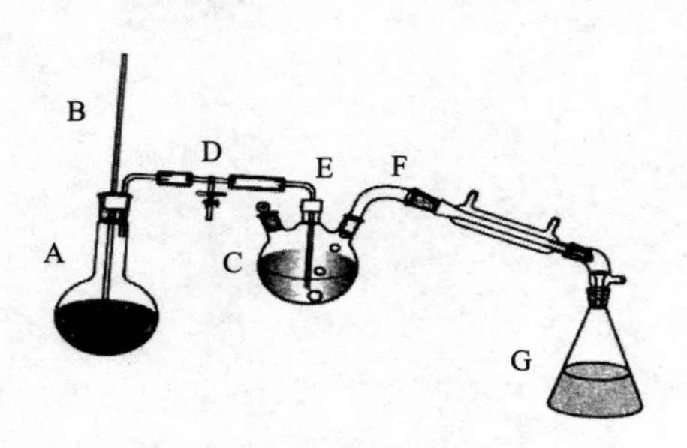

图 2-7　水蒸气蒸馏装置

A—水蒸气发生器；B—安全玻璃管；C—蒸馏瓶；D—T 形管；E—弯管；F—弯头；G—收集瓶

图 2-7 中 A 是水蒸气发生器，通常以盛水量不超过其容积的 2/3 为宜。如果太满，沸腾时水将冲至烧瓶。安全玻璃管 B 几乎插到 A 的底部。当容器内气压太大时，水可沿着玻璃管上升，以调节内压。如果系统发生阻塞，水便会从管的上口喷出，实验前应检查 B

导管是否被阻塞。A中的蒸汽通过弯管E进入蒸馏瓶C，为了避免过多蒸汽在C中冷凝，实验时可在C下端用电热套进行加热。弯头F与直形冷凝管相连，通过冷凝，馏分收集在收集瓶G中。D是T形管，是捕水装置，打开螺旋夹可以除去冷凝下来的水。

【操作步骤】

1. 安装水蒸气蒸馏装置

正确选择装置并按照装置搭建顺序正确搭建水蒸气蒸馏装置。

2. 投料

将溶液（或液体混合物，或固体与少量水的混合物）放进蒸馏瓶C中。

3. 水蒸气进行蒸馏

在A中加入2/3的水，打开螺旋夹，开启冷凝水，加热水蒸气发生器至沸腾。水蒸气通入蒸馏瓶C，用电热套对其加热以使水不会积累过快，又要保证蒸汽能在冷凝管中充分冷凝。调节冷凝水，防止有固体在冷凝管中析出；如果已有固体出现，可暂停通入冷凝水。

4. 停止水蒸气蒸馏

当馏出液澄清透明（不再含有有机物）时，可以停止蒸馏。先打开螺旋夹使得体系与大气相通，然后停止加热。

【实验内容】 从薄荷中提取薄荷油

1. 实验仪器及用具

电热套、水浴锅、水蒸气发生器、三口烧瓶、直形冷凝管、磨口锥形瓶、止水夹、玻璃导管、分液漏斗、蒸馏烧瓶、蒸馏头、接液管等。

2. 试剂

薄荷末、乙醚、氯化钠、无水硫酸镁等。

3. 实验要求

(1) 蒸馏　在蒸馏烧瓶中加入20g干薄荷末，松开弹簧夹，加热水蒸气发生装置至水沸腾，三通管的支管口有大量水蒸气冒出时夹紧弹簧夹，通入冷凝水，开始进行水蒸气蒸馏。当馏出液澄清透明不再含有有机物油滴时，停止蒸馏。

(2) 后处理　在馏出液中加入适量氯化钠至饱和，转入分液漏斗中，用10mL乙醚进行萃取，重复2次。合并萃取液，置于干燥的锥形瓶中，加入无水硫酸镁干燥，干燥后水浴加热蒸馏除去乙醚，即得薄荷油。

水蒸气蒸馏工作报告

一、实验原理

二、实验仪器

序号	仪器	规格(个数)	备注(注意事项)
1			
2			
3			
4			
5			
6			
7			

三、画出水蒸气蒸馏装置图

四、实验过程记录

(一) 薄荷油提取

1. 描述水蒸气蒸馏提取薄荷油的步骤，对下列操作过程进行排序

(1) 打开冷凝水；(2) 水蒸气发生器加热至沸腾；(3) 水蒸气发生器加入适量水；(4) 松开弹簧夹；(5) 关闭弹簧夹；(6) 停止加热

你的操作顺序是：________________

2. 现象描述

(1) 蒸馏过程中馏出液的状态是：________________

(2) 蒸馏完毕的标志（现象）是：________________

3. 数据记录

馏出液体积：________________ mL。

(二) 薄荷油精制

(1) 萃取：萃取剂及用量________________。

(2) 干燥：干燥剂用量________________，干燥时间________________。

(3) 蒸馏：水浴蒸馏蒸出溶剂，得薄荷油________________ mL（____ g）。

水蒸气蒸馏质量评价考核评分表

实验内容	考核指标	参考配分	实际操作情况	得分
工作场地管理与试剂、仪器准备(8分)	检查物料是否齐全	2		
	清点玻璃仪器数量及确认是否可用	2		
	是否穿戴防护用品	2		
	处理废物专用容器是否放置在规定位置	2		
水蒸气蒸馏(52分)	水蒸气发生器中水量2/3左右	4		
	长玻璃管伸到发生器中并接近底部	4		
	整个装置安装在一个平面上	4		
	整个装置接口处无松动	4		
	蒸馏瓶中无大量水冷凝	4		
	先开冷凝水后加热	4		
	蒸馏前螺旋夹处于开启状态	4		
	有蒸汽从发生器冲出时关闭螺旋夹	4		
	蒸馏速度2～3滴/s	4		
	蒸馏液澄清透明时停止蒸馏	4		
	停止蒸馏前先打开螺旋夹通大气	4		
	蒸馏瓶液体是否倒吸至水蒸气发生器	4		
	拆卸装置顺序正确	4		
精制阶段(12分)	萃取方法、次数正确	3		
	干燥效果良好(溶液澄清透明)	3		
	蒸馏装置搭建正确	3		
	成功得到产品薄荷油	3		
数据记录(5分)	及时正确记录数据，不缺项，不准随意随地记录，每错一次扣1分	5		
报告书写(15分)	报告结构完整	3		
	数据完整清晰	3		
	原理要点正确	3		
	HSE正确	3		
	结果评价合理	3		
文明操作(8分)	小组分工合理、有效合作	2		
	废液、废固和废弃物及时处理	2		
	桌面保持干净	2		
	器皿摆放规范	2		

操作6　减压蒸馏

【实验目标】

（1）了解减压蒸馏的基本原理。

（2）掌握减压蒸馏的基本操作技术。

【实验原理】

减压蒸馏是分离和提纯有机化合物的一种重要方法，它特别适用于那些在常压蒸馏时未达到沸点即已受热分解、氧化或聚合的物质的蒸馏。

液体的沸点是指它的蒸气压等于外界大气压时的温度。由于液体的沸点随外界压力的降低而降低，因而如用真空泵连接盛有液体的容器，使液体表面上的压力降低，即可使得液体在较低的沸点被蒸馏出，这种在较低压力下进行蒸馏的操作称为减压蒸馏或真空蒸馏。

思考： 实验室有哪些可以提供负压的设备？减压蒸馏在实验中有哪些用途？

在减压蒸馏前，应先从文献中查阅该化合物在所选择的压力下的相应沸点，如果文献中缺乏此数据，可用压力-温度经验关系（如图2-8）进行查找，即由某一压力下的沸点值可以近似地推算出另一压力下的沸点。方法为：在B线上找到常压下液体的沸点，再在C线上找到减压后体系的压力点，然后通过两点连直线，该直线与A的交点为减压后液体的沸点。

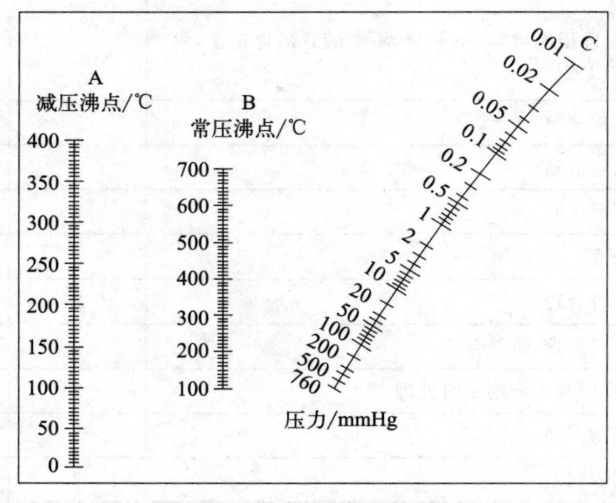

图2-8　压力-温度经验关系

1mmHg＝133.322Pa

【实验装置】

减压蒸馏装置（如图2-9）由蒸馏装置、测压和保护装置及抽气减压装置三部分组成。

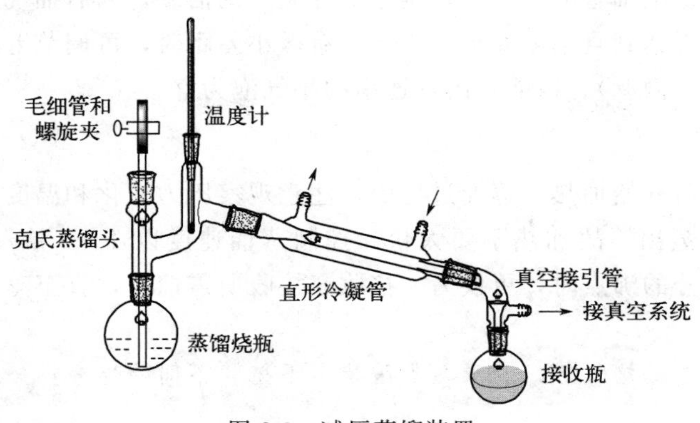

图 2-9　减压蒸馏装置

蒸馏装置由蒸馏烧瓶、克氏蒸馏头、毛细管、温度计及冷凝管、接收瓶等组成。其中毛细管的作用主要是使液体均匀稳定沸腾，其安装要求是毛细管下端距蒸馏烧瓶底部 1～2mm（说明：也可以用磁力搅拌代替毛细管）。抽气减压装置用减压泵，最常见的减压泵有水泵和油泵两种。

测压和保护装置（如图 2-10）安装在蒸馏装置和抽气减压装置之间。当用油泵进行减压时，为了防止挥发性有机气体、酸性气体及水分进入油泵，在接收瓶和油泵之间需要顺次安装缓冲瓶、冷阱和几种干燥塔。其中干燥塔分别是氯化钙塔、碱塔和石蜡塔，分别用于吸收水分、酸性物质和烃类溶剂。真空压力计安装在冷阱和干燥塔之间，用于测定体系压力。

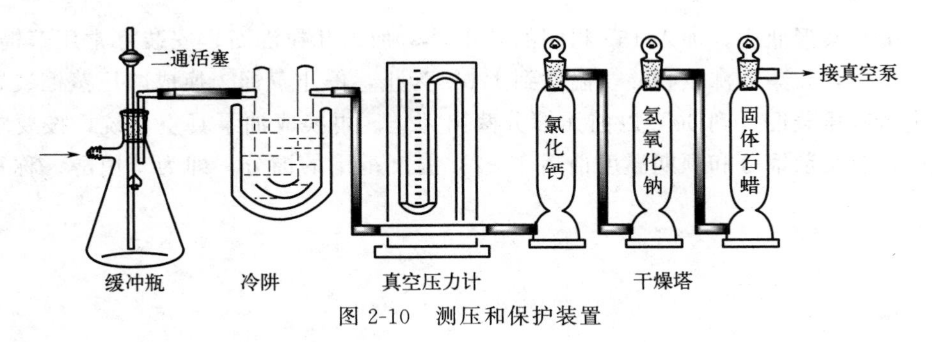

图 2-10　测压和保护装置

【操作步骤】

1. 安装检漏

将仪器按顺序安装好后，先检查系统能否达到所要求的压力。检查方法为：先旋紧蒸馏烧瓶上毛细管的螺旋夹，再关闭缓冲瓶上的二通活塞。用泵抽气，观察测压计能否达到要求的压力。若达到要求，就慢慢旋开缓冲瓶上的活塞，放入空气，直到内外压力相等。如果漏气，则需依次检查接引管与缓冲瓶连接的橡胶管、缓冲瓶及真空泵是否有漏气点，漏气点排除后应重新进行气密性检验。

2. 加料抽气

在蒸馏烧瓶中加入需要蒸馏的液体混合物，加入量不得超过容积的 1/2。接通冷凝水。打开蒸馏烧瓶上毛细管的螺旋夹，旋紧缓冲瓶上的活塞，开启抽气泵，调节缓冲瓶上的活塞，以使得体系达到真空度要求。当压力有微小差距时，可调节毛细管上的螺旋夹来控制导入的空气量（微调），以能冒出一连串的小气泡为宜。

3. 蒸馏与收集

体系压力稳定后开始加热。蒸馏过程中，注意观察压力变化和温度计读数。由于液体可在较低温度下被蒸出，故加热不要太快，控制蒸馏速度以 1～2 滴/s 为宜。去除前馏分，待达到某一馏分的沸点时，更换另一接收瓶接收所需馏分，直至蒸馏结束。

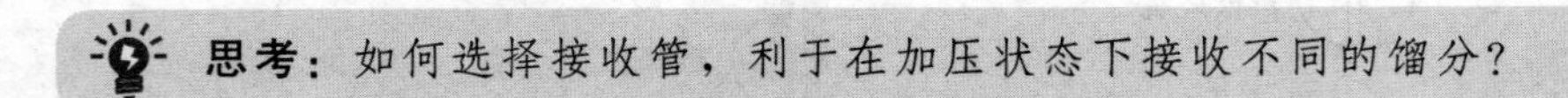

4. 停止蒸馏

蒸馏完毕后，首先移开热源，然后调大毛细管上的橡胶管的螺旋夹，并慢慢打开安全瓶上的活塞放入空气，待压力示数为零后，再关闭抽气泵。

【实验内容】 纯化粗制苯甲醇

1. 实验仪器及用具

常压蒸馏装置、减压泵、减压蒸馏装置等。

2. 试剂

粗苯甲醇、沸石等。

3. 实验要求

在 50mL 梨形瓶中，加入 15g 粗制的苯甲醇，加入几粒沸石，安装好常压蒸馏装置，进行常压蒸馏，收集低沸点物质，温度到 120℃为止，停止蒸馏。换成减压蒸馏装置，用水泵再进行减压蒸馏，到 60℃以前无馏分蒸出为止。再换成油泵真空系统，按要求进行减压蒸馏，收集前馏分和预期温度前后 1～2℃温度范围的馏分，即为苯甲醇。称重，计算收率。

减压蒸馏工作报告

一、实验原理

二、实验仪器

序号	仪器	规格(个数)	备注(注意事项)
1			
2			
3			
4			
5			
6			
7			

三、画出减压蒸馏装置图

四、实验操作及数据处理

(一) 实验操作(根据实际操作过程,简述实验步骤)

(二) 实验数据记录

1. 称量

粗苯甲醇质量:__________ g。

2. 蒸馏

试样	测定值	
	收集馏分对应压力/Pa	收集馏分对应温度区间/℃
粗苯甲醇		

3. 馏分质量

精制苯甲醇:__________ g。

(三) 收率计算

（四）分析减压蒸馏过程中的安全操作要点

减压蒸馏质量评价考核评分表

实验内容	考核指标	参考配分	实际操作情况	得分
工作场地管理与试剂、仪器准备(8分)	检查物料是否齐全	2		
	清点玻璃仪器数量及确认是否可用	2		
	是否穿戴防护用品	2		
	处理废物专用容器是否放置于规定位置	2		
减压蒸馏(60分)	常压蒸馏停止时温度是否达到120℃	5		
	水泵预减压过程中水蒸气压力是否正确(不同温度下水蒸气压力不同)	5		
	水泵预减压过程中是否60℃以前无馏分蒸出再停止	5		
	油泵减压过程中待蒸液体量是否正确(不超过容量二分之一)	5		
	油泵减压过程中体系内的真空度是否符合要求	5		
	油泵减压过程中油浴温度是否控制得当(比待蒸液体的沸点高20～30℃)	5		
	油泵减压过程中馏出速度是否稳定(1～2滴/s)	5		
	油泵减压过程中是否准确及时记录压力和相应的沸点值	5		
	前馏分是否另用接收器接收	5		
	是否收集前馏分和预期温度前后1～2℃温度范围的馏分	5		
	蒸馏完毕后是否慢慢旋开螺旋夹并慢慢打开二通活塞(防止倒吸)	5		
	是否最后关闭油泵和冷却水	5		
数据记录(4分)	收集前馏分和60～74℃温度范围的馏分，数据记录及时全面，收率计算正确	4		
报告书写(20分)	报告结构完整	4		
	数据完整清晰	4		
	装置图绘制合理	4		
	实验现象描述正确	4		
	实验原理要点描述合理	4		
文明操作(8分)	玻璃仪器洗刷干净	2		
	废液、废固和废弃物及时处理	2		
	桌面保持干净	2		
	器皿摆放规范	2		

操作 7　分馏

【实验目标】

（1）了解分馏的基本原理。

（2）掌握分馏的基本操作技术。

【实验原理】

分馏主要用于分离两种或者两种以上沸点接近并且混溶的有机溶液，在实验中通常采用分馏柱来实现有机物的分离和纯化。

有机溶液沸腾后，其蒸气进入分馏柱中被部分冷凝，冷凝液在下降过程中与继续上升的蒸气接触，二者进行热交换。蒸气中高沸点组分被冷凝，低沸点组分仍呈蒸气上升，而冷凝液中低沸点组分受热再次汽化，高沸点组分仍呈液态在柱内下降，如此经过多次热交换，结果是上升的蒸气中低沸点组分增多，下降的冷凝液中高沸点组分增多。简言之，分馏即为连续多次的普通蒸馏。

【实验装置】

图 2-11 为利用韦氏分馏柱进行分馏的简单装置，韦氏分馏柱是一根带有很多锯齿状刺的玻璃管，在分馏实验中应用最为广泛。

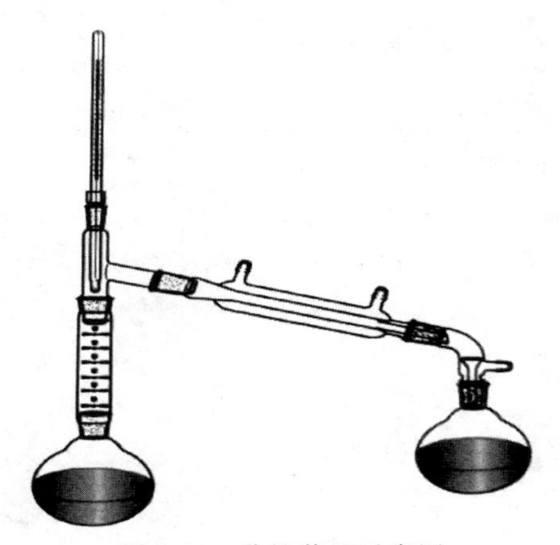

图 2-11　分馏装置示意图

【操作步骤】

1. 安装简单分馏装置

2. 投料

将待分离混合液加入容积合适的圆底烧瓶中（液体体积占烧瓶的 1/3～2/3），加入搅拌子或者沸石。

3. 加热与收集

开始加热力度不能过大，以防过多的冷凝液造成分馏柱堵塞。当有馏分出来时，调节加热速度，使液体馏出的速度为 2～3s/滴。在实际操作中，可以通过控制回流比来保持柱内温度梯度和提高分离效率。所谓回流比，就是指冷凝液流回蒸馏瓶的速度与柱顶蒸气通过冷凝管馏出速度的比值，一般控制回流比为 4∶1，即冷凝液回流蒸馏瓶 4 滴，柱顶馏出液 1 滴。低沸点组分全部蒸出后，馏分就暂时停止馏出。

【实验内容】 甲醇-水混合物的分馏

1. 仪器

电热套、单口烧瓶、韦氏分馏柱、蒸馏头、直形冷凝管、温度计套管、温度计、接液管、量筒等。

2. 试剂

甲醇、水、沸石等。

3. 实验要求

将 25mL 甲醇和 25mL 水的混合物加入 100mL 圆底烧瓶中，安装好分馏装置进行分馏。调节加热速度使得液体馏出的速度为 2～3s/滴。每收集 1mL 馏分，记录对应的温度区间。分馏结束后，量取收集到的甲醇体积。

分馏工作报告

一、实验原理

二、实验仪器

序号	仪器	规格(个数)	备注(注意事项)
1			
2			
3			
4			
5			
6			
7			

三、画出简单分馏装置图

四、实验过程记录

（一）操作过程描述

（二）现象描述

（1）分馏过程中馏出液的状态是：____________________

（2）甲醇分馏完毕的标志（现象）是：____________________

（三）数据记录

（1）馏出液馏出速度：__________；馏出液总体积：__________ mL。

（2）馏分体积-温度记录

次数	馏分体积	温度(区间)	馏出液馏出速度	备注

分馏质量评价考核评分表

实验内容	考核指标	参考配分	实际操作情况	得分
工作场地管理与试剂、仪器准备(8分)	检查物料是否齐全	2		
	仪器检查与选择	2		
	操作过程中是否有试剂洒出	2		
	是否穿戴防护用品	2		
分馏(65分)	取样操作规范	5		
	整个装置安装在一个平面上	5		
	整个装置接口处无松动	5		
	正确选择冷凝管(直形冷凝管)	5		
	温度计放置位置正确	5		
	蒸馏烧瓶容积选择正确	5		
	温度计量程选择正确	5		
	回流比控制合理(4∶1)	5		
	先通冷凝水再加热	5		
	馏出液馏出速度2～3s/滴	5		
	分馏过程中分馏柱未堵塞	5		
	分馏结束先停止加热后停水	5		
	拆卸装置顺序正确	5		
数据记录(4分)	馏出速度、温度区间等数据及时正确记录，不缺项，不准随意随地记录，每错一次扣1分	4		
报告书写(15分)	报告结构完整	3		
	数据完整清晰	3		
	原理要点正确	3		
	HSE正确	3		
	结果评价合理	3		
文明操作(8分)	小组分工合理、有效合作	2		
	废液、废固和废弃物及时处理	2		
	桌面保持干净	2		
	器皿摆放规范	2		

操作8　萃取

【实验目标】

（1）熟悉萃取的基本原理。

（2）掌握萃取的基本操作技术。

【实验原理】

萃取是分离、提纯有机化合物常用的基本操作之一。通过萃取可以从固体或液体混合物中提取所需要的物质，也可以洗去混合物中的少量杂质。

萃取是利用物质在两种互不相溶（或者微溶）溶剂中的分配系数的不同，来实现物质分离、提纯或者纯化目的的操作。换句话说，萃取可以使某一化合物部分地从一种溶剂中分配到另一种溶剂中，经过多次这样的操作，可以把绝大部分该化合物提取出来。

常用到的萃取操作有液-液萃取和固-液萃取。

思考：萃取剂应如何选择？

选择萃取溶剂的基本原则如下。

① 萃取溶剂与被提取物、原溶剂不发生化学反应。

② 萃取溶剂对被提取物溶解度较大，与原溶剂不溶（或微溶）。

③ 液-液萃取时，两溶剂之间有一定的密度差，以利于两相分层。

④ 萃取剂黏度较小，有利于两相的混合与分层。

⑤ 其它方面：尽量选择沸点较低的溶剂，萃取后易于回收；另外，也应考虑成本、毒性大小、是否易燃易爆等因素。

一般选择萃取剂时，难溶于水的物质可用石油醚作萃取剂，比较容易溶于水的物质可用乙醚、苯等作萃取剂，易溶于水的物质可用乙酸乙酯或类似的物质作萃取剂。

【实验装置及操作步骤】

一、液-液萃取

1. 仪器装置

最常用的玻璃仪器是分液漏斗。分液漏斗有球形、梨形和筒形三种（图2-12）。一般常用梨形分液漏斗。当两相密度相近时，采用球形分液漏斗更为合适。无论使用何种形状的分液漏斗，加入漏斗的液体总体积最多不应超过其容积的3/4。

2. 操作方法

（1）配套检验与验漏　检查上口玻璃塞和下口活塞是否和分液漏斗配套，漏斗是否漏液。在分液漏斗中加入一定量的水，将上口玻璃塞子盖好，上下摇动漏斗中的水，检查是否漏水；若不漏水，正立，将上口玻璃塞旋转180°，检查是否漏水。确定不漏后再使用。

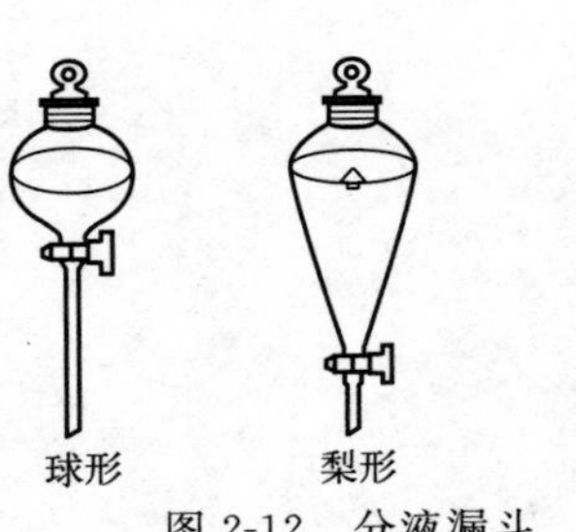
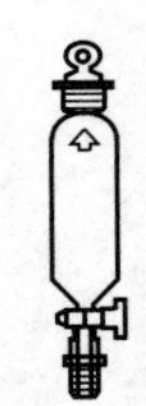

图 2-12　分液漏斗

(2) 装液　将含待提取物的溶液和萃取剂，自上而下倒入分液漏斗中，总体积占漏斗容积的 1/3 左右，盖上玻璃塞。

(3) 振摇与放气　右手握住上口玻璃塞，并用手掌顶住塞子，左手握住活塞处，并用拇指和食指压紧活塞。将漏斗放平，前后振摇或者做圆周运动，以使两相充分接触。在振摇过程中，要注意及时放气，以免漏斗内压力过大冲脱玻璃塞导致内液损失。放气时，漏斗上口向下倾斜，下口向上倾斜，面向无人处，食拇两指慢慢旋转活塞进行“放气”。

(4) 静置与分液　将漏斗放在铁圈上充分静置，待两相分层明显时，进行分液。分液时，下层液体从漏斗下口放出，上层液体从漏斗上口倒出。

小提示：萃取时，剧烈振摇有时会产生乳化现象，两相界面不清，难以进行分离。破乳的方法常有以下几种。

① 长时间放置；

② 加入电解质，如氯化钠；

③ 对碱溶液而言，加入少量稀酸；

④ 加热。

二、固-液萃取

1. 实验装置

索氏提取器（图 2-13），又叫脂肪提取器，是固体物质萃取常常用到的仪器之一。索氏提取器分为三部分，最下面的烧瓶放置萃取剂，中间的提取器放置被提取的物质（通常可用滤纸包裹起来），最上面是冷凝管。

加热萃取剂形成的蒸气在冷凝管中液化，液化的萃取剂与滤纸套筒内的固体物质接触进行萃取，当液面超过虹吸管最高处时，溶在萃取液中的物质随萃取剂一同回流到烧瓶中。这一操作可以实现连续萃取，效率高并且节约溶剂。

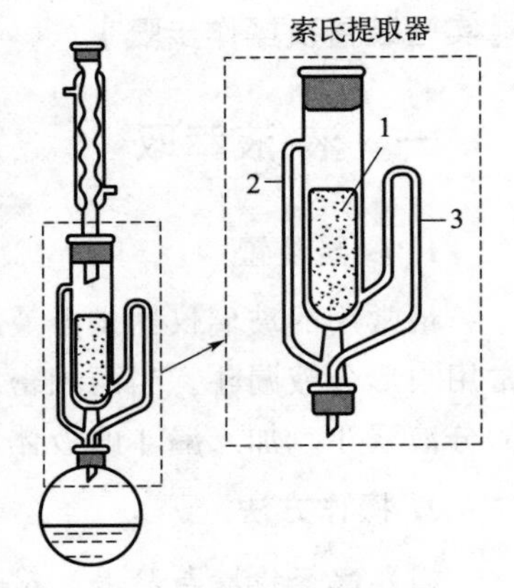

图 2-13　索氏提取器
1—滤纸套筒；2—蒸汽导管；3—虹吸管

2. 操作方法

(1) 装提取物　将固体物质尽量研细，装入滤纸筒内，置于提取器中。

(2) 搭建萃取装置　先调节好热源高度，固定好烧瓶，然后依次安装提取器和冷凝管。

(3) 萃取　先通水，后加热进行回流萃取。当液面高过虹吸管最高处时，利用虹吸作用，被提取物随溶剂一同回流到烧瓶中。反复虹吸几次，被提取物大部分被富集到烧瓶中。

(4) 脱溶　萃取液经蒸馏过程除去溶剂（萃取剂），可得固体（即待提取物）。

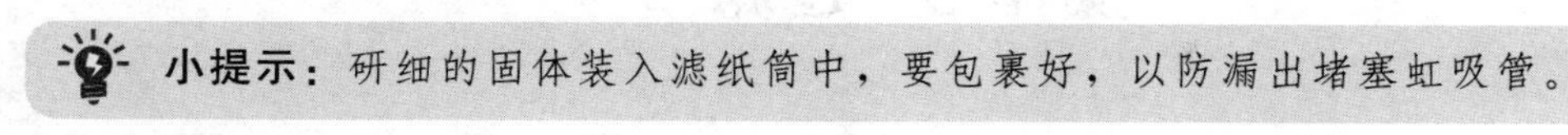

萃取质量评价考核评分表

液-液萃取评分表

实验内容	考核指标	配分	实际操作情况	得分
液-液萃取(100 分)	漏斗干净，活塞洁净	5		
	是否验漏；未验漏扣除本项得分	5		
	漏斗规格选择正确（漏斗内溶液体积占漏斗容积的 1/3～2/3）	8		
	振摇方式正确、动作熟练	8		
	振摇过程中及时放气	8		
	放气时漏斗对着无人处	8		
	是否中途忘记关闭玻璃塞，内液是否漏出	8		
	充分静置，界面明显后分液	8		
	是否存在乳化，能否破乳	8		
	正确判断被提取物在上层或下层	8		
	被提取物是否被丢弃导致实验失败	5		
	上、下层液体分别从漏斗上、下口放出	8		
	放出下层液体时，拔下上口玻璃塞	8		
	萃取次数合理（3～5 次）	5		

固-液萃取评分表

实验内容	考核指标	配分	实际操作情况	得分
固-液萃取(100 分)	自下而上安装玻璃仪器	7		
	整个装置在同一条直线上，且固定好	8		
	冷凝管选择正确（球形冷凝管）	8		
	圆底烧瓶中加入沸石	8		
	滤纸套筒高度不超过虹吸管	8		
	先开冷凝水后加热	8		
	无待提取物漏出滤纸套筒	8		
	待提取物是否研细	8		
	虹吸次数合理（根据颜色判断）	8		
	操作完成后自上而下拆除装置	7		
	从提取器中取出滤纸套筒	6		
	萃取液脱溶操作正确（参照蒸馏操作）	8		
	得到固体（待提取物），外观符合要求	8		

操作 9　过滤

【实验目标】

（1）熟悉过滤的基本原理。

（2）掌握过滤的基本操作技术。

【实验原理】

过滤是将固体和液体分离的基本操作方法之一。过滤主要是分离不溶性固体和液体的混合物，或者是除去混合物中不溶性杂质。过滤的操作过程是可溶性物质能透过滤纸，固体不能透过滤纸而留在滤纸上，从而将固液分离。常用的过滤方法有常压过滤、减压过滤。

思考：如何选择合适的过滤方法？

【实验装置及操作步骤】

一、常压过滤

1. 仪器装置

常压过滤装置见图 2-14。最常用的过滤仪器是普通漏斗，根据漏斗的大小确定选用滤纸的大小。

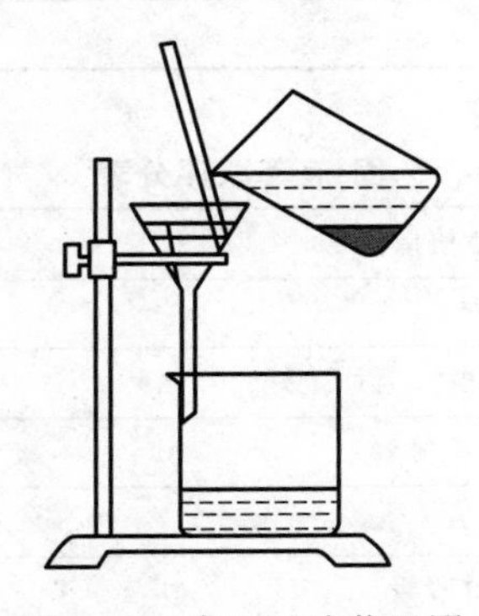

图 2-14　常压过滤装置图

2. 操作方法

将滤纸折叠成 4 层放置漏斗中，滤纸的边缘应略低于漏斗的边缘。用水润湿滤纸，目的是使其紧贴玻璃漏斗内壁。将溶液和沉淀沿着靠近三层滤纸一边的玻璃棒缓缓倒入漏斗中，要求液面不得超过滤纸边缘下 0.5cm。溶液过滤完毕，洗瓶挤出少量蒸馏水洗涤原烧杯壁和玻璃棒，将洗涤溶液倒入漏斗中。待洗涤液滤完后，再用洗瓶挤出少量蒸馏水，冲洗滤纸和沉淀。

小提示： 常压过滤操作中应注意以下几点。

① 漏斗必须放在漏斗架上，不得用手拿着；

② 引流的玻璃棒下端应靠近三层滤纸一边；

③ 倾入漏斗中的待过滤溶液的液面不能超过漏斗中滤纸高度的 2/3；

④ 过滤完毕，不要忘记用少量蒸馏水冲洗玻璃棒和盛过滤溶液的烧杯，最后再用少量蒸馏水冲洗滤纸和沉淀。

二、减压过滤

1. 仪器装置

减压过滤装置如图 2-15 所示。减压过滤的原理即通过水泵带走空气使吸滤瓶中压力低于大气压，从而使布氏漏斗的液面与瓶内形成压力差，提高过滤速度。

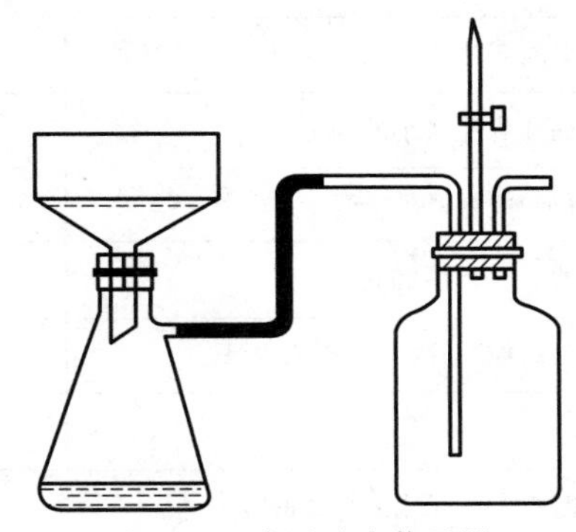

图 2-15　减压过滤装置图

2. 操作方法

（1）*装置安装与连接*　通过橡胶塞将布氏漏斗与吸滤瓶相连接，要求橡胶塞与瓶口间必须紧密不漏气。吸滤瓶的侧管用橡胶管与缓冲瓶相连，缓冲瓶与水泵的侧管相连。

（2）*放置滤纸*　将内径略小于布氏漏斗的圆形的滤纸，放入布氏漏斗内，用少量蒸馏水湿润滤纸，微开与水泵相连的水龙头，滤纸便吸紧在漏斗的底部。

（3）*抽滤*　缓慢将水龙头开大，进行过滤即可。

（4）*停止抽滤*　先抽掉抽滤瓶接管，后关抽气泵。

过滤质量评价考核评分表

常压过滤评分表

实验内容	考核指标	配分	实际操作情况	得分
常压过滤（100 分）	漏斗干净	10		
	滤纸四折	10		
	漏斗颈下部尖端长的一边紧靠烧杯壁	10		

续表

实验内容	考核指标	配分	实际操作情况	得分
常压过滤（100分）	用玻璃棒引流	10		
	液面应比滤纸边缘低一些	10		
	漏斗中的液面不得高于滤纸高度的2/3	10		
	暂停倾注时，应将烧杯嘴沿玻璃棒向上提一下	10		
	洗涤应遵循“少量多次”的原则	10		
	悬浮液小心转移到漏斗中，如此反复操作3～4次	10		
	用撕下的滤纸角擦净玻璃棒上的沉淀	10		

减压过滤评分表

实验内容	考核指标	配分	实际操作情况	得分
减压过滤（100分）	漏斗下端的斜面要对着滤瓶侧面的支管	10		
	滤纸剪成较布氏漏斗内径略小的圆形	10		
	少量蒸馏水（或溶剂）湿润滤纸	10		
	先将上层清液过滤后再转移沉淀	10		
	先将吸滤瓶支管上的橡胶管拔下，再关水泵	10		
	不要把滤纸捅破	10		
	清洁的平顶玻璃塞在布氏漏斗上挤压晶体	10		
	过滤结束后，应先将吸滤瓶上的橡胶管拔下	10		
	滤液从吸滤瓶的上口倒入洁净的容器	10		
	滤液不可从侧面的支管倒出	10		

操作 10　升华

【实验目标】

（1）了解升华的基本原理。

（2）掌握升华的基本操作技术。

【实验原理】

升华是指固态物质加热时不经过液态而直接变为气态，蒸气受到冷却后又直接冷凝为固体的过程。发生升华的原因是物质在其固态时具有较高的蒸气压，受热时蒸气压变大，达到熔点之前，蒸气压已相当高，可以直接气化。升华是提纯固体有机化合物的常用方法之一。升华是将不纯净的固体化合物在熔点温度以下加热，根据固体混合物的蒸气压或挥发度不同，利用产物蒸气压高、杂质蒸气压低的特点，使产物不经液体过程而直接气化，遇冷后凝固而达到分离固体混合物的目的。

可利用升华法提纯的固体物质应具备两个条件：

① 被提纯物质在熔点温度以下有较大的蒸气压；

② 所含杂质蒸气压比被提纯物质蒸气压小很多。

【实验装置】

升华装置如图 2-16 所示。图 2-16(a) 是实验室常用的常压升华装置。当升华量较大时，可换用装置图 2-16(c) 分批进行升华，通水进行冷却以使晶体析出。当需要通入空气或者惰性气体进行升华时，可换用装置图 2-16(b)。

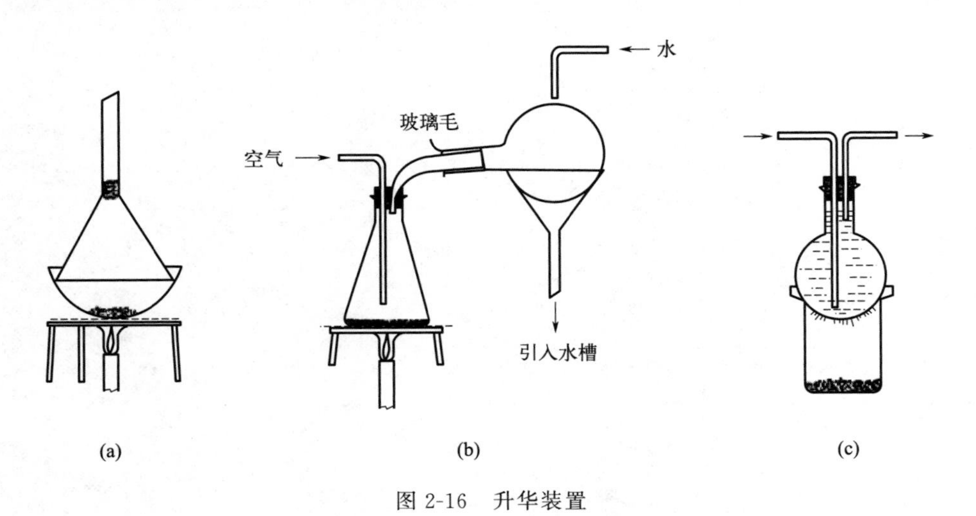

图 2-16　升华装置

【操作步骤】

1. 仪器组装与装料

准备好坩埚、漏斗、棉花、石棉网和穿有多孔的滤纸等仪器。将要升华的物质加入坩埚，坩埚垫在石棉网上。

2. 升华

加热并观察漏斗由透明到不透明再透明后，出现棕色气体，继续加热半分钟，晶体析出，停止加热，冷却后取下漏斗，翻开滤纸。

3. 产品收集

刮下滤纸上重新凝结的产物于另一滤纸上（或其他器皿中）。

4. 产品质量评价

观察产品的形状，并计算产品收率。

【实验内容】 萘的常压升华

1. 实验装置

常用升华装置。

2. 试剂

粗萘等。

3. 实验要求

称取适量粗萘进行升华。将药品缓慢加热并控温在 80℃。数分钟后，可轻轻取下漏斗，小心翻起滤纸。如发现下面已挂满了萘，则可将其移入干燥的样品瓶中，并立即重复上述操作，直到萘升华完毕为止，使杂质留在蒸发皿底部。

升华工作报告

一、实验原理

二、实验仪器

序号	仪器	规格(个数)	备注(注意事项)
1			
2			
3			
4			
5			
6			
7			

三、画出升华装置图

四、实验操作与数据处理

（一）实验操作（根据实际操作过程，简述实验步骤）

（二）实验数据记录

（1）粗萘质量：__________；升华完成后晶体质量：__________。

（2）产品性状：__________。

（三）数据处理与结果评价

1. 收率计算

2. 结合计算结果，分析影响升华效果的因素

□样品干燥度不够

□漏斗颈未用棉花塞住

□加热力度控制差

□其他（请列出）

升华质量评价考核评分表

实验内容	考核指标	参考配分	实际操作情况	得分
工作场地管理与试剂、仪器准备(8分)	检查物料是否齐全	2		
	清点玻璃仪器数量及确认是否可用	2		
	是否穿戴防护用品	2		
	处理废物专用容器是否放置于规定位置	2		
升华(60分)	整个装置安装在一个平面上	5		
	正确称量	5		
	样品一定要干燥	5		
	烘干后研细	5		
	均匀铺放在蒸发皿上	5		
	滤纸上小孔的直径要大些	5		
	玻璃漏斗直径小于蒸发皿和滤纸	5		
	漏斗颈用棉花塞住	5		
	隔石棉网用酒精灯加热	5		
	升华温度一定控制在固体化合物的熔点以下	5		
	调节灯焰，使其慢慢升华	5		
	蒸气很少时停止加热	5		
数据记录(4分)	及时正确记录数据，不缺项，不准随意随地记录，每错一次扣1分	4		
报告书写(20分)	报告结构完整	4		
	数据完整清晰	4		
	原理要点正确	4		
	HSE正确	4		
	结果评价合理	4		
文明操作(8分)	小组分工合理、有效合作	2		
	废液、废固和废弃物及时处理	2		
	桌面保持干净	2		
	器皿摆放规范	2		

第3章

有机化学综合实验

实验1　乙酸乙酯的制备与质量评价

【实验目标】

（1）制备一定质量的乙酸乙酯，并对产品进行定量分析。

（2）掌握蒸馏、洗涤和干燥等基本操作。

（3）完成一份工作报告。

【制备意义】

乙酸乙酯是无色透明液体，低毒性，有甜味。乙酸乙酯是一种用途广泛的精细化工产品，具有优异的溶解性和快干性；也是一种非常重要的有机化工原料和极好的工业溶剂，被广泛用于乙酸纤维、乙基纤维、氯化橡胶、乙烯树脂、合成橡胶、涂料及油漆等的生产过程中。其主要用途有：作为工业溶剂，用于涂料、黏合剂、乙基纤维素、人造革、油毡着色剂、人造纤维等产品中；作为黏合剂，用于印刷油墨、人造珍珠的生产；作为提取剂，用于医药、有机酸等产品的生产；作为香料原料，是菠萝、香蕉、草莓等水果香精和威士忌、奶油等香料的主要原料。

思考：你还了解乙酸乙酯有哪些理化性能？

【实验原理】

$$CH_3CH_2OH + CH_3COOH \underset{\text{加热}}{\overset{H_2SO_4}{\rightleftharpoons}} CH_3COOCH_2CH_3 + H_2O$$

乙醇与乙酸在一定条件下，发生可逆反应生成乙酸乙酯。乙酸乙酯的沸点较低，因此很容易蒸出。合成产物可用气相色谱进行鉴定，通常采用内标法对产物中乙酸乙酯的含量进行定量分析。表 3-1 为上述反应相关物料的物性常数表。

表 3-1　物料的物性常数表

药品名称	分子量	密度/(g/mL)	沸点/℃	折射率	水溶解度/(g/100mL)
乙酸	60.05	1.049	118	1.376	易溶于水
乙醇	46.07	0.789	78.4	1.361	易溶于水
乙酸乙酯	88.11	0.9005	77.1	1.372	微溶于水
浓硫酸	98.08	1.84	—	—	易溶于水

思考： 查阅资料说明所用原料在使用时是否存在安全隐患？如何预防？

【仪器与试剂】

实验仪器及用具：电热套、三口烧瓶、蒸馏烧瓶、分液漏斗、恒压长颈滴液漏斗、直形冷凝管、蒸馏头、样品瓶、锥形瓶、量筒等。

试剂：乙醇、乙酸、浓硫酸、无水碳酸钠、氯化钠、无水氯化钙、无水硫酸镁、乙酸正丙酯标准品等。

【操作步骤】

1. 物料计算及溶液配制

① 按产率 70%，乙醇和乙酸物质的量比不大于 1.5 倍计算乙醇和乙酸的用量；

② 配制饱和碳酸钠溶液、饱和氯化钙溶液和饱和氯化钠溶液各 100mL，用于乙酸乙酯粗产品的洗涤。

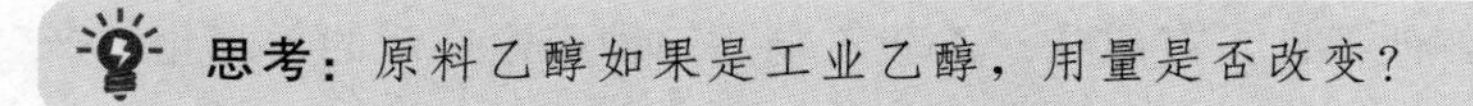

思考： 原料乙醇如果是工业乙醇，用量是否改变？

2. 乙酸乙酯的合成

如图 3-1 所示安装反应装置。称量并记录所取用乙酸和乙醇的质量（精确到 0.01g）；将适量乙醇、浓硫酸加入盛有磁力搅拌子的三口烧瓶中，在滴液漏斗内加入适量乙醇和冰乙酸，混合均匀。开始加热，当温度升至 110～120℃时，开始滴加乙醇和冰乙酸混合液，调节滴液速度，使滴入速度与馏出乙酸乙酯的速度大致相等。反应结束后，停止加热，收集保留粗产品。

3. 乙酸乙酯的精制

（1）洗涤　在粗品乙酸乙酯中加入饱和碳酸钠溶液洗涤至中性，然后将此混合液移入分液漏斗中，充分振摇，静置分层后，分出水层。接着用饱和氯化钠溶液洗涤，分出水层。再用饱和氯化钙溶液洗涤酯层，分出水层。

（2）干燥　将酯层倒入锥形瓶中，并放入 2g 左右的无水硫酸镁，配上塞子，充分振摇至液体澄清透明，再放置干燥。

（3）蒸馏　将干燥后的乙酸乙酯用漏斗经脱脂棉过滤至干燥的蒸馏烧瓶中，加入磁力搅拌子，搭建好蒸馏装置（图 3-2），加热进行蒸馏。按要求收集乙酸乙酯馏分，记录精制乙酸乙酯的产量。

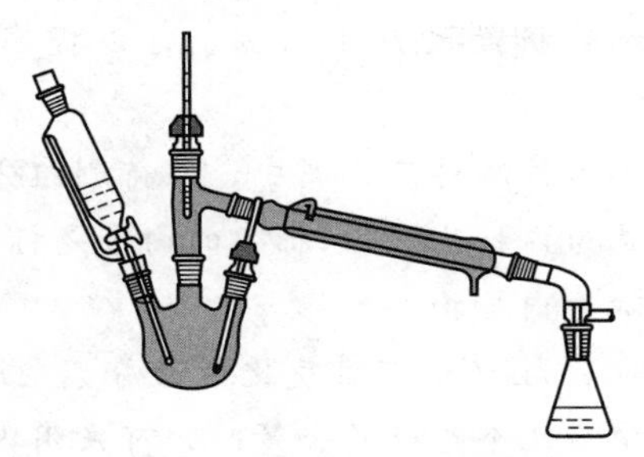

图 3-1　乙酸乙酯的制备-反应装置示意图

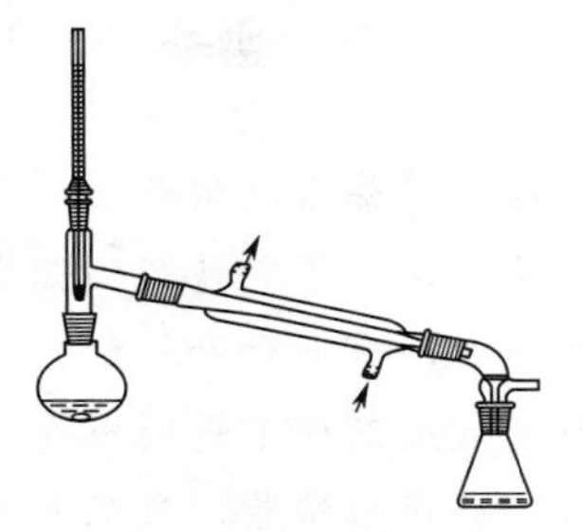

图 3-2　乙酸乙酯的制备-蒸馏（精制）装置示意图

思考： 浓硫酸在使用时是否存在安全问题？如有，请写出预防措施。

【质量评价】

1. 产物含量分析

含内标物的产物样品溶液配制：准确称取一定质量的合成产物（乙酸乙酯产品）于样品瓶中，然后加入一定质量的内标物（乙酸正丙酯标准品），具塞备用。

每份溶液的总质量控制在 1g 左右（精确到 0.001g）。平行测定 3 次。

计算产物中乙酸乙酯的含量（w_i），取 3 次测定结果的算术平均值作为最终结果，结果保留至小数点后 1 位，公式如下：

$$w_i=\frac{A_i\times m_s}{A_s\times m}\times f'_{i/s}\times 100\%$$

式中　A_i——产物样品中乙酸乙酯的峰面积；

m——产物样品的质量；

A_s——内标物（乙酸正丙酯标准品）的峰面积；

m_s——内标物（乙酸正丙酯标准品）的质量；

$f'_{i/s}$——内标物的相对质量校正因子（第三方检测数据）。

2. 计算收率并对结果进行分析、评价

$$收率=\frac{精制产品质量\times产品中的乙酸乙酯含量}{理论产量}\times 100\%$$

【实验思考】

1. 本实验在产品制备中，是否会产生环境问题？如有，请写出相关环境保护措施。
2. 为什么乙酸乙酯的合成温度不宜过高、反应物的滴加速度不宜过快？
3. 粗产品乙酸乙酯洗涤的顺序能否改变？为什么？
4. 简要描述色谱定量分析中的面积归一化法、内标法的优缺点。

【拓展与延伸】色谱定量分析——内标法

内标法是一种间接或相对的校准方法。在分析测定样品中某组分含量时，加入一种内标物质以校准和消除由于操作条件的波动而对分析结果产生的影响，以提高结果的准确度。

选择样品中不含有的纯物质作为对照物质加入待测样品溶液中，以待测组分和对照物质的响应信号对比，测定待测组分含量的方法称为内标法。“内标”的由来是标准（对照）物质加入样品中，有别于外标法，该对照物质称为内标物。

在一个分析周期内不是所有组分都能流出色谱柱（如有难气化的组分），或检测器不能对每个组分都产生信号，或只需测定混合物中某几个组分的含量时，可采用内标法。

准确称量 m（g）样品，再准确称量 m_s（g）内标物，加入样品中，混匀，进样。测量待测组分 i 的峰面积 A_i 及内标物的峰面积 A_s，则 i 组分在 m（g）样品中所含的质量 m_i，与内标物的质量 m_s，有下述关系：

$$\frac{m_i}{m_s}=\frac{A_i f_i}{A_s f_s}$$

待测组分 i 在样品中的百分含量 w_i（%）为：

$$w_i=\frac{A_i f_i}{A_s f_s}\times\frac{m_s}{m}\times100\%$$

对内标物的要求：

① 内标物是原样品中不含有的组分，否则会使峰重叠而无法准确测量内标物的峰面积；

② 内标物的保留时间应与待测组分相近，但彼此能完全分离（分离度 $R\geqslant1.5$）；

③ 内标物必须是纯度合乎要求的纯物质。

内标法的优点是：

① 在进样量不超限（色谱柱不超载）的范围内，定量结果与进样量的重复性无关；

② 只要被测组分及内标物出峰，且分离度合乎要求，就可定量，与其他组分是否出峰无关；

③ 很适用于测定药物中微量有效成分或杂质的含量。由于杂质（或微量组分）与主要成分含量相差悬殊，无法用归一化法测定含量，用内标法则很方便。但样品配制比较麻烦和内标物不易找寻是其缺点。

乙酸乙酯的制备与质量评价工作报告

一、健康、安全和环保要素分析与预防

（从所用试剂、玻璃仪器及用电设备、“三废”处理等方面分别分析，并写出预防措施）

二、物料核算过程及分析

（1）简述实验基本原理（用方程式表达）。

（2）查阅资料填写原料物理常数，并计算所需原料质量（精确到 0.01g）或体积。

原料	分子量	相对密度	质量/g	体积/mL
无水乙醇				
乙酸				
浓硫酸				

计算过程：

（3）分析实验中采取乙醇或者乙酸过量的原因。

三、实验仪器及装置

（1）根据物料核算数据，选择合适的玻璃仪器，并填写仪器规格。

序号	仪器	规格(个数)	备注(注意事项)
1	单口烧瓶		反应液容积不超过烧瓶容积的 1/3～2/3
2	三口烧瓶		可接恒压漏斗、温度计等 反应液容积不超过烧瓶容积的 1/3～2/3
3	蒸馏头		每次用完拆开洗净
4	空气冷凝管		沸点一般高于 140℃使用
5	直形冷凝管		沸点一般低于 140℃使用
6	球形冷凝管		
7	温度计		

（2）除了从上述仪器列表中选择外，完成本实验可能用到的玻璃仪器还有哪些？

（3）利用所选玻璃仪器及配套设备搭建反应装置，并用铅笔绘制反应装置图。

四、实验操作及数据记录

（一）乙酸乙酯合成阶段

1. 称量

称量所需的乙醇和乙酸质量及硫酸体积并记录在报告纸上（精确到0.01g）

$m_{乙醇}=$__________；$m_{乙酸}=$__________；$V_{硫酸}=$__________。

2. 投料

（1）乙醇和浓硫酸混合，剧烈放热。

选项	投料顺序	安全因素分析	预防措施
□	先投乙醇再投浓硫酸		
□	先投浓硫酸再投乙醇		

（2）乙酸具有刺激性，应在____________环境中使用。

控温措施指南	实施过程	温度变化记录	成功/失败
□物料滴加速度			
□调整烧瓶与热源距离			
□调节加热温度			
□调节搅拌速度			

3. 反应

控温是乙酸乙酯合成反应的关键步骤。

4. 结束反应

（1）反应停止的标志及温度记录：______________。

（2）正确拆卸反应装置，并收集好粗产品用于下一步精制。

（二）乙酸乙酯精制阶段

1. 溶液配制（计算溶质质量）

配制饱和碳酸钠溶液、饱和氯化钙溶液和饱和氯化钠溶液各100mL，配制完成后转移到试剂瓶中，并贴上相应的试剂标签。

2. 精制

（1）洗涤：在粗品乙酸乙酯中加入饱和碳酸钠溶液洗涤至中性，然后依次用____mL饱和氯化钠溶液和____mL饱和氯化钙溶液洗涤，分液。乙酸乙酯粗产品在____（上层、下层），判断的依据是：______________。

（2）干燥：将酯层倒入锥形瓶中，并放入____g无水硫酸镁，配上塞子，充分振摇至液体澄清透明，再放置干燥，干燥时间为__________ min。

（3）蒸馏：搭建好蒸馏装置，加热进行蒸馏。按要求收集乙酸乙酯馏分，记录精制乙酸乙酯的产量。

① 馏分最低温度：____℃；馏分最高温度：____℃。

② 精制所得产品质量：______ g（精确到0.01g）。

五、数据处理与质量评价

（一）内标法含量分析

1. 称量混合样品，记录所称量的自制产品和内标物的质量（精确到0.0001g）

实验次数	乙酸乙酯质量/g	乙酸正丙酯质量/g	总质量/g
1			
2			
3			

2. 填写样品检测单并进行检测

样品编号	进样量/μL	进样编号	实际进样量/μL
1			
2			
3			
气相色谱仪编号			
气相色谱测试小组签字			

3. 含量计算

根据谱图信息，计算产物中乙酸乙酯的含量（ω_i），取3次测定结果的算术平均值作为最终结果，结果保留至小数点后1位。

（二）产品收率计算

1. 根据公式进行计算（保留3位有效数字）

$$收率=\frac{精制产品质量\times 产品中的乙酸乙酯含量}{理论产量}\times 100\%$$

2. 结果分析与评价

以下几方面是否影响了你的实验收率，请进行自我评价分析。

□装置接口松动，蒸馏时产品损失

□控温失败，导致副产品生成过多

□不按规定顺序投料或者反应过程中出现炭化

□分液时未充分静置

□产品干燥时使用干燥剂硫酸镁过多

□蒸馏时未去除前馏分

□洗涤不充分，导致产品中乙醇等杂质过多

□产品没有密封，导致挥发较多

□其他__________________

乙酸乙酯的制备与质量评价考核评分表

实验内容	考核指标	参考配分	实际操作情况	得分
实验准备（6分）	试剂瓶贴标签	2		
	物料核算正确	1		
	全过程无破碎玻璃器皿	1		
	全过程穿戴个人防护用品	1		
	在专用容器中处理废物	1		
合成阶段（20分）	加料顺序正确	4		
	控温在合适范围内（110～120℃）	4		
	装置温度计位置正确	4		
	反应前先通冷凝水后加热	4		
	反应完成先停冷凝水后停加热	4		
精制阶段（20分）	洗涤顺序正确	5		
	干燥时间不少于15min，溶液澄清	5		
	蒸馏装置试漏、温度计水银球位置正确	5		
	产物馏分收集（72～78℃）	5		
数据记录（5分）	及时正确记录数据，不缺项，不准随意随地记录，每错一次扣1分	5		
数据处理（21分）	谱峰鉴别正确	2		
	含量计算正确（按规定保留有效数字）	2		
	含量相对极差≤2.0％	5		
	90％≤纯度＜100％，等级评定	5		
	收率计算正确（按规定保留有效数字）	2		
	55％≤收率＜100％，得满分；等级赋分	5		
报告书写（20分）	报告结构完整	4		
	数据完整清晰	4		
	原理要点正确	4		
	HSE正确	4		
	结果评价合理	4		
文明操作（8分）	废液、废固和废弃物及时处理	2		
	滴管规范摆放	2		
	桌面保持干净	2		
	器皿摆放规范	2		

实验2　肉桂酸的制备与质量评价

【实验目标】

（1）掌握肉桂酸的制备原理及方法，能利用珀金（Perkin）反应制备肉桂酸。

（2）掌握水蒸气蒸馏装置的搭建与操作方法。

（3）根据要求制备肉桂酸，完成一份工作报告。

【制备意义】

肉桂酸，又名β-苯基丙烯酸或者3-苯基-2-丙烯酸，是一种有机物，有顺式和反式两种异构。肉桂酸以反式形式存在为主，为白色单斜晶体，微有桂皮气味，其化学式为$C_9H_8O_2$。肉桂酸自身是一种香料，具有保香作用，通常作为配香原料，可使主香料的香气更加清香。肉桂酸的各种酯可用作定香剂，用于饮料、糖果、酒类等食品。除此之外，肉桂酸符合国家食品添加剂标准，利用其防霉防腐杀菌作用，可用于粮食、蔬菜、水果的保鲜、防腐；同时在医药方面，肉桂酸是人肺腺癌细胞有效的抑制剂，在抗癌方面具有极大的应用价值。

思考： 肉桂酸在有机合成方面有哪些应用呢？

【实验原理】

主反应：

$$C_6H_5CHO + (CH_3CO)_2O \xrightarrow[170\sim180^\circ C]{无水K_2CO_3} C_6H_5CH{=}CHCOOH + CH_3COOH$$

副反应：

$$C_6H_5CHO \xrightarrow{[O]} C_6H_5COOH$$

芳香醛与具有α-H原子的脂肪酸酐在相应的无水脂肪酸钾盐或钠盐的催化下共热发生缩合反应，生成芳基取代的α,β-不饱和酸，此反应称为Perkin反应。本反应采用苯甲醛和乙酸酐反应制取肉桂酸。合成的产物结构可用红外光谱进行鉴定、表征，粗产品通过重结晶纯化，根据产量计算收率。反应相关物料的物性常数见表3-2。

表 3-2 物料的物性常数表

药品名称	分子量	密度/(g/mL)	沸点/℃	熔点/℃	水溶解度/(g/100mL)
苯甲醛	106.12	1.0447	178	—	微溶于水
乙酸酐	102.09	1.2475	139.6	—	—
碳酸钾	138.21	—	101.6	891	易溶于水
反式肉桂酸	148.16	1.2475	300	133	微溶于热水
顺式肉桂酸	148.16	1.2475	125	68	微溶于热水

思考：查阅资料了解苯甲醛和乙酸酐是否有毒、是否有腐蚀性？操作时应注意什么？

【仪器与试剂】

实验仪器及用具：电热套、圆底烧瓶、空气冷凝管、水蒸气蒸馏装置、温度计(200℃)、保温漏斗、烧杯、减压过滤装置、表面皿等。

试剂：新蒸馏的苯甲醛和乙酸酐、无水碳酸钾、活性炭、10%氢氧化钠溶液、浓盐酸、刚果红试纸、沸石等。

【操作步骤】

1. 原料预处理及物料计算

① 制备新蒸馏的苯甲醛和乙酸酐各 100mL（小组共用），备用；

② 以取用苯甲醛 0.02mol 计算乙酸酐和碳酸钾的用量。

思考：久置的苯甲醛和新蒸馏的苯甲醛有何不同？对反应可能产生哪些影响？

2. 肉桂酸的合成

如图 3-3 所示安装回流反应装置。选择合适规格的圆底烧瓶和冷凝管，搭建回流反应装置。向圆底烧瓶中加入新蒸馏的苯甲醛和乙酸酐以及研细的无水碳酸钾，混合后加入几粒沸石或者瓷片。反应开始时将烧瓶缓慢加热升温，回流约 45min。

3. 肉桂酸的精制

(1) 水蒸气蒸馏 反应毕，待反应物冷却后，加入 10mL 温水。将回流冷凝装置改装为水蒸气蒸馏装置（图 3-4），加热蒸出未反应完的苯甲醛，直至馏出液无油珠。

(2) 成盐 将烧瓶冷却后，加入 10～15mL 10%氢氧化钠溶液，振摇，检测溶液的 pH 为 8～9。抽滤，将滤液转入烧杯中，冷却至室温。

(3) 酸化 在搅拌下用浓盐酸酸化直至刚果红试纸变蓝色。冰水浴冷却后抽滤，用少量水洗涤沉淀，压紧、抽干、称重。

(4) 重结晶 粗产品用热水重结晶。稍冷后加入 1g 左右活性炭，煮沸几分钟，趁热保温过滤。滤液自然冷却至室温后进行减压抽滤。

(5) 干燥 产品置于表面皿上自然晾干，称重并记录产量。

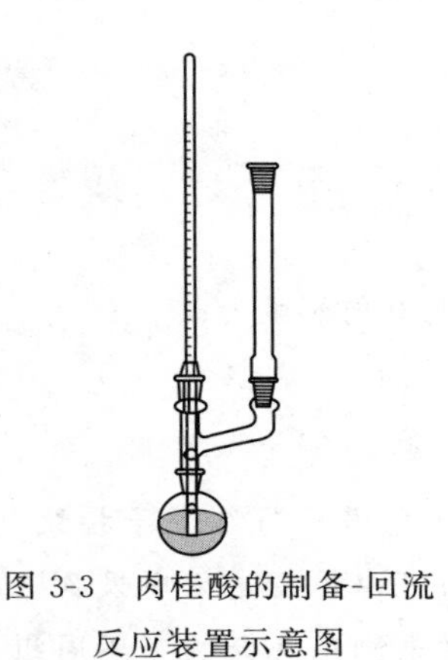

图 3-3　肉桂酸的制备-回流反应装置示意图

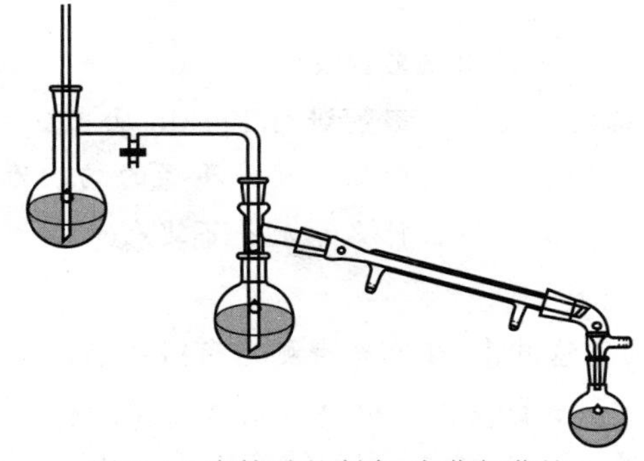

图 3-4　肉桂酸的制备-水蒸气蒸馏装置示意图

思考： 1. 加入 10%氢氧化钠溶液后发生了哪些反应？

2. 你是如何趁热过滤的？这样做的目的是什么？

【质量评价】

1. 产品外观分析

肉桂酸为白色结晶。

2. 计算收率并对结果进行分析、评价

$$收率=\frac{精制产品质量}{理论产量}\times 100\%$$

3. 产品结构鉴定

（1）*熔点测定*　取适量样品，利用毛细管法测定其熔点，并根据实验结果判断你所得的产品是顺式还是反式？

（2）*结构表征*　取适量样品，利用 KBr 压片法制备盐片进行红外光谱测试。根据红外测试谱图，归属产品结构峰。肉桂酸红外光谱见图 3-5。

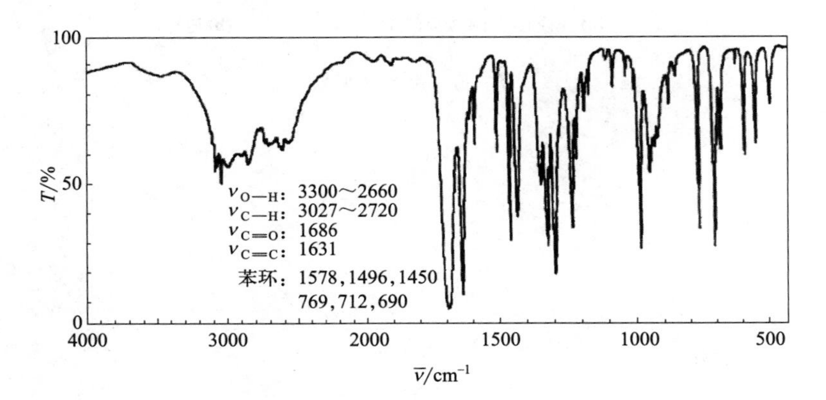

图 3-5　肉桂酸红外光谱（KBr 压片）

【实验思考】

1. 本实验能否用硫酸酸化？
2. 具备何种结构的醛能进行 Perkin 反应？
3. 本实验反应所用仪器需要是干燥的吗？为什么？
4. 水蒸气蒸馏除去什么杂质？不进行此步操作对实验结果有何影响？

【拓展与延伸】红外光谱测定有机物结构——压片法

红外光谱应用面广，提供信息多且具有特征性，常把红外光谱称为“分子指纹”。它最广泛的应用在于对物质的化学组成进行分析，用红外光谱法可以根据光谱中吸收峰的位置和形状来推断未知物的结构，也可以依照特征吸收峰的强度来测定混合物中不同组分的含量。

在红外光谱法中，试样的制备及处理占有重要的地位。如果试样处理不当，那么即使仪器的性能很好，也不能得到满意的红外光谱图。下面介绍最常用的固体制样方法——压片法。

在红外光谱的测定上被广泛用于固体试样调制剂的有 KBr、KCl，它们的共同特点是在中红外区（4000～400cm^{-1}）完全透明，没有吸收峰。被测样品与调制剂的配比通常是 1∶100，即取固体试样 1～3mg，在玛瑙研钵中研细，再加入 100～300mg 磨细干燥的 KBr 或 KCl 粉末，混合研磨均匀，放入锭剂成型器（图 3-6）中加压（5～10t/cm^2）即可得到一定直径及厚度的透明薄片，然后将此薄片放在仪器样品测定窗口处进行测定。

需要注意的是，样品纯度要高，而且溴化钾容易吸水，使得薄片不透明，从而影响透光率；另外要用镊子从锭剂成型器中取出压好的薄片，而不能用手拿，以免使薄片沾污。

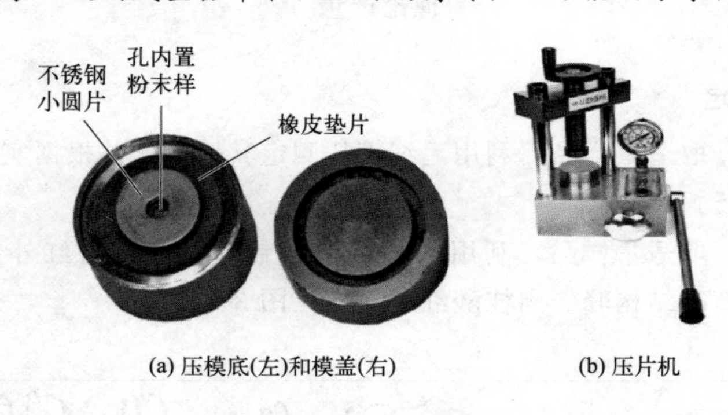

(a) 压模底(左)和模盖(右)　　(b) 压片机

图 3-6　锭剂成型器

肉桂酸的制备与质量评价工作报告

一、健康、安全和环保要素分析与预防

（从所用试剂、玻璃仪器及用电设备、“三废”处理等方面分别分析，并写出预防措施）

二、物料核算过程及分析

（1）简述实验基本原理（用方程式表达）。

（2）查阅资料填写原料物理常数，并计算所需原料质量（精确到0.01g）或体积。

原料	分子量	物质的量/mol	质量/g(体积/mL)
苯甲醛			
乙酸酐			
碳酸钾			

计算过程：

三、实验仪器及装置

（1）根据物料核算数据，选择合适的玻璃仪器，并填写仪器规格。

序号	仪器	规格（个数）	备注（注意事项）
1	单口烧瓶		反应液容积不超过烧瓶容积的1/3～2/3
2	三口烧瓶		反应液容积不超过烧瓶容积的1/3～2/3
3	Y形管		每次用完拆开洗净
4	空气冷凝管		沸点一般高于140℃使用
5	直形冷凝管		沸点一般低于140℃使用
6	球形冷凝管		
7	水蒸气蒸馏装置		
8	温度计		

（2）除了从上述仪器列表中选择外，完成本实验可能用到的玻璃仪器还有哪些？

（3）利用所选玻璃仪器及配套设备搭建反应装置和产品蒸馏纯化装置，并用铅笔绘制装置图。

四、实验操作及数据记录

（一）实验前准备工作

（1）按照实验要求，以小组为单位制备蒸馏好的苯甲醛和乙酸酐，制备完成后贴上标签，备用。

（2）烘干碳酸钾粉末，备用。无水乙酸钾在使用前需加热熔融，冷却后研细，置于干燥器中。

（二）肉桂酸合成阶段

1. 搭建装置

回流冷凝器的选择依据：____________________

□直形冷凝管　　　□球形冷凝管　　□空气冷凝管

2. 称量

称量所需的苯甲醛、乙酸酐和无水碳酸钾体积（质量）并记录在报告纸上（精确到0.01g）。

$V_{苯甲醛}=$__________；$V_{乙酸酐}=$__________；$m_{碳酸钾}=$__________。

3. 投料

将苯甲醛、乙酸酐和无水碳酸钾投入烧瓶，摇匀。

4. 反应

（1）回流反应初期反应现象：____________________。

（2）回流反应用时：__________。

（3）结束反应：正确拆卸反应装置，冷却后改为水蒸气蒸馏装置。

（三）肉桂酸精制阶段

1. 水蒸气蒸馏

搭建水蒸气蒸馏装置，向体系中加入____ mL 温水，进行水蒸气蒸馏，蒸出未反应的苯甲醛。

2. 成盐与酸化

（1）成盐：在烧瓶中加入____ mL 10％氢氧化钠溶液，振摇，检测溶液的 pH 值为____。抽滤后将滤液转入烧杯中，冷却。在成盐过程中可能发生下列哪些反应：

□肉桂酸与碱作用生成肉桂酸钠

□苯甲酸与碱作用生成苯甲酸钠

□乙酸与碱作用生成乙酸钠

（2）酸化：在搅拌下用浓盐酸酸化直至刚果红试纸变蓝色，测得 pH 为____。

3. 重结晶

（1）重结晶溶剂选择

□水　　　□3∶1 稀乙醇溶液

（2）加入活性炭质量为____ g，作用是：____________________。

（3）描述重结晶的基本过程（包括保温过滤操作）

4. 干燥与称重

产品置于表面皿上自然晾干，所得产品质量____ g。

五、数据处理与质量评价

（一）产品外观记录

（二）产品收率计算及结果分析

1. 根据公式进行计算（保留 3 位有效数字）

$$收率=\frac{精制产品质量}{理论产量}\times 100\%$$

2. 结果分析与评价

以下几方面是否影响了你的实验收率，请进行自我评价分析。

□未使用新蒸馏的苯甲醛

□物料计算有误

□反应时间不足，未完成反应

□抽滤时滤纸破损，导致产品损失

□产品干燥不充分

□重结晶后未冷却到室温就开始过滤

□酸化后常温过滤

□其他____________________

（三）产品熔点测定与结构表征

1. 熔点测定

测定结果及产品构型判断

熔点(熔程)/℃	产品构型判断	
	□顺式	□反式

2. 红外光谱测试

（1）简单描述制样过程。

（2）识别谱图，对肉桂酸结构进行峰的归属。

肉桂酸的制备与质量评价考核评分表

实验内容	考核指标	参考配分	实际操作情况	得分
实验准备（5分）	按要求蒸馏原料以备用	1		
	物料核算正确	1		
	全过程无破碎玻璃器皿	1		
	全过程穿戴个人防护用品	1		
	在专用容器中处理废物	1		
合成阶段（15分）	装置搭建正确、美观	3		
	冷凝器选择正确	3		
	温度计量程选择正确	3		
	使用研细的碳酸钾	3		
	反应瓶中溶液体积在1/3～2/3之间	3		
精制阶段（30分）	水蒸气蒸馏装置搭建正确、美观	3		
	水蒸气蒸馏终点判断正确	3		
	蒸馏时先通水后加热	3		
	加入10%NaOH溶液调节pH在8～9	3		
	酸化方法正确	3		
	是否沸腾状态下加入活性炭	3		
	是否保温过滤	3		
	是否自然冷却降温结晶	3		
	是否充分冷却后再抽滤	3		
	减压抽滤方法正确	3		
数据记录（5分）	及时正确记录数据，不缺项，不准随意随地记录，每错一次扣1分	5		
数据处理（11分）	产品外观：白色结晶	3		
	收率计算正确（按规定保留有效数字）	3		
	60%≤收率＜100%，等级赋分	5		
结构鉴定（10分）	熔点测试方法正确	2		
	熔点（熔程）数据准确	2		
	构型判断正确	2		
	KBr压片法制样方法正确	2		
	能对苯基、双键等进行红外结构归属	2		
报告书写（20分）	报告结构完整	4		
	数据完整清晰	4		
	原理要点正确	4		
	HSE正确	4		
	结果评价合理	4		
文明操作（4分）	废液、废固和废弃物及时处理	1		
	小组间团队合作	1		
	桌面保持干净	1		
	器皿摆放规范	1		

实验 3 正溴丁烷的制备与质量评价

【实验目标】

(1) 掌握以醇作原料制备卤代烃的原理及方法，能利用正丁醇制备正溴丁烷。

(2) 掌握有害气体吸收回流装置的搭建方法，能够熟练操作回流装置。

(3) 制备 10g 正溴丁烷，完成一份工作报告。

【制备意义】

正溴丁烷又名 1-溴正丁烷、正丁基溴。它是无色易挥发液体，不易溶于水，易溶于醇、醚等有机溶剂。正溴丁烷可用作稀有元素萃取溶剂及有机合成的中间体和烷基化试剂，也可作为生产塑料紫外线吸收剂和增塑剂的原料；除此之外，在医药方面，它用于合成手术局部麻醉剂盐酸丁卡因；在精细化学品合成方面，它用于配制各种染料和颜料，用途广泛。

思考：正溴丁烷可以用来合成哪些类型的有机分子呢？举例说明。

【实验原理】

主反应：$n\text{-}C_4H_9OH + NaBr + H_2SO_4 \longrightarrow n\text{-}C_4H_9Br + NaHSO_4 + H_2O$

副反应：

$$CH_3CH_2CH_2CH_2OH \xrightarrow[\triangle]{\text{浓}H_2SO_4} CH_3CH_2CH{=}CH_2 + H_2O$$

$$2CH_3CH_2CH_2CH_2OH \xrightarrow[\triangle]{\text{浓}H_2SO_4} (CH_3CH_2CH_2CH_2)_2O + H_2O$$

$$2HBr + H_2SO_4 \xrightarrow{\triangle} Br_2 + SO_2 + 2H_2O$$

主反应过程中，溴化钠和硫酸作用首先产生 HBr，生成的 HBr 再与正丁醇发生亲核取代反应生成正溴丁烷，主反应是可逆反应，本实验采取增加溴化钠和硫酸用量的措施，以促进主反应平衡右移，增大反应收率。主反应外，可能存在脱水、氧化等副反应。合成的产物结构可用红外光谱进行鉴定、表征，通过收集馏分产品计算收率。反应相关物料的物性常数表见表 3-3。

表 3-3 物料的物性常数表

药品名称	分子量	密度/(g/mL)	沸点/℃	折射率 n_D^{20}	水溶解度/(g/100mL)
正丁醇	74.12	0.8109	117.7	1.3992	溶于水
溴化钠	102.89	—	—	1.6412	易溶于水

续表

药品名称	分子量	密度/(g/mL)	沸点/℃	折射率 n_D^{20}	水溶解度/(g/100mL)
正溴丁烷	137.02	1.2764	101.6	1.4399	不溶于水
浓硫酸	98.08	1.84	—	—	易溶于水

思考：硫酸的用量对反应有何影响？

【仪器与试剂】

仪器及用具：电热套、圆底烧瓶、分液漏斗、玻璃漏斗、球形冷凝管、直形冷凝管、温度计、蒸馏头、锥形瓶、接液管等。

试剂：正丁醇、无水溴化钠、浓硫酸、碳酸氢钠、氢氧化钠、无水氯化钙、硝酸、硝酸银、乙醇等。

【操作步骤】

1. 物料计算及溶液配制

① 按产率75%，溴化钠和正丁醇物质的量比不大于1.3计算二者用量；

② 配制饱和碳酸氢钠溶液50mL，2%氢氧化钠溶液50mL（小组共用），用于粗产品的洗涤与产品鉴定。

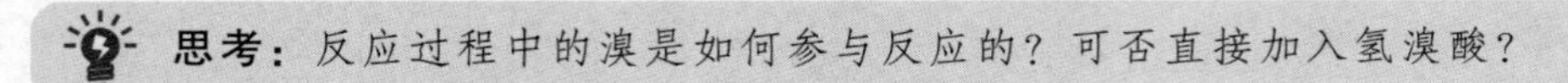

2. 正溴丁烷的合成

（1）搭建反应装置　按要求搭建回流冷凝反应装置（图3-7），在冷凝管上端接上干燥管，干燥管连接一根橡胶管，橡胶管再连接一只漏斗，将漏斗半倒扣在盛有碱溶液的烧杯中。

（2）投料反应　在圆底烧瓶中顺序加入适量的水和浓硫酸，混合均匀后，冷却至室温；依次加入称量的正丁醇和研磨好的溴化钠粉末，将混合体系充分振摇后加入几粒沸石或者瓷片。将烧瓶加热回流约40min。

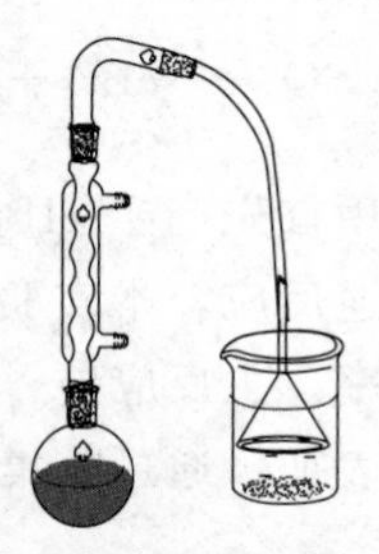

图3-7　正溴丁烷的制备-回流冷凝反应装置示意图

3. 正溴丁烷的精制

（1）蒸馏　反应毕，冷却至室温。将回流冷凝装置改装为蒸馏装置，加热蒸出粗产品正溴丁烷。

（2）洗涤　在粗品正溴丁烷中加入 10mL 水洗涤，分出水层。有机层首先用适量浓硫酸洗涤，然后再依次用水、饱和碳酸氢钠、水进行洗涤。

（3）干燥　将洗涤后的有机层倒入锥形瓶中，并放入 1g 左右的无水氯化钙，配上塞子，充分振摇至液体澄清透明，再放置干燥约 30min。

（4）蒸馏　将干燥后的正溴丁烷用漏斗经脱脂棉过滤至干燥的蒸馏烧瓶中，加入磁力搅拌子或者沸石，搭建好蒸馏装置，加热进行蒸馏。收集 99～103℃馏分，记录精制正溴丁烷的产量。

思考：为什么要用浓硫酸进行洗涤？如何安全取用浓硫酸？

【质量评价】

1. 产品外观分析

正溴丁烷为无色或者乳白色液体。

2. 计算收率并对结果进行分析、评价

$$收率=\frac{精制产品质量}{理论产量}\times 100\%$$

3. 产品官能基鉴定

① 取 1 支干燥的试管，加入 1%硝酸银的乙醇溶液 2mL，再加入合成的产品正溴丁烷 3～4 滴，振荡试管，看是否有沉淀出现？如 5min 内无沉淀出现，将试管放置水浴加热几分钟，再观察现象。根据实验结果写出化学反应方程式。

② 另取 1 支试管，加入 15 滴左右的产品正溴丁烷，再加入 2mL 10%的氢氧化钠溶液，振荡后静置几分钟。小心取水层数滴，加入 5%硝酸酸化，然后加入 2 滴 2%硝酸银溶液，观察现象。如无沉淀出现，将试管放置水浴小心加热后，再观察现象。根据实验结果写出化学反应方程式。

【实验思考】

1. 本实验在合成阶段，为什么要用气体吸收装置？

2. 各步洗涤，何层取之，何层弃之？

3. 反应投料时，能否先加入溴化钠和浓硫酸，再加入水和正丁醇？为什么？

正溴丁烷的制备与质量评价工作报告

一、健康、安全和环保要素分析与预防

（从所用试剂、搭建装置及用电设备、“三废”处理等方面分别分析，并写出预防措施）

二、物料核算过程及分析

（1）简述实验基本原理（用方程式表达）。

（2）查阅资料填写原料物理常数，并计算所需原料质量（精确到0.01g）或体积。

原料	分子量	相对密度	质量/g	体积/mL
正丁醇				
溴化钠				
浓硫酸				

计算过程：

（3）分析实验中将溴化钠固体研细的原因。

三、实验仪器及装置

（1）根据物料核算数据，选择合适的玻璃仪器，并填写仪器规格。

序号	仪器	规格(个数)	备注(注意事项)
1	单口烧瓶		反应液容积不超过烧瓶容积的1/3～2/3
2	干燥管		加入氯化钙并用棉花固定
3	蒸馏头		每次用完拆开洗净
4	空气冷凝管		沸点一般高于140℃使用
5	直形冷凝管		沸点一般低于140℃使用
6	球形冷凝管		
7	温度计		

（2）除了从上述仪器列表中选择外，完成本实验可能用到的玻璃仪器还有哪些？

（3）利用所选玻璃仪器及配套设备搭建反应装置和产品蒸馏纯化装置，并用铅笔绘制装置图。

四、实验操作及数据记录

（一）正溴丁烷合成阶段

1. 称量

称量所需的药品质量或体积并记录在报告纸上（精确到0.01g）。

$m_{正丁醇}$=____；$m_{溴化钠}$=____；$V_{硫酸}$=____；$V_{水}$=____。

2. 投料

物料：①水；②浓硫酸；③正丁醇；④溴化钠。

选项	投料顺序	对反应有何影响	是否存在安全隐患
□	①②③④		
□	②①③④		
□	④②①③		

3. 反应

（1）反应时间记录：__________

（2）根据实验简单描述有害气体吸收装置的回流操作方法。

（3）控制回流速度：使得蒸气浸润不超过球形冷凝管两个球为宜。

□调节冷却水流量　　□调节加热温度　　□其他

（4）结束反应：正确拆卸反应装置，冷却后改为蒸馏装置进行纯化。

（二）正溴丁烷精制阶段

1. 溶液配制（计算溶质质量）

配制饱和碳酸氢钠溶液50mL，配制完成后转移到试剂瓶中，并贴上相应的试剂标签。

2. 精制

（1）蒸馏：将回流冷凝装置改装为蒸馏装置，加热蒸出粗产品正溴丁烷，并判断产品是否蒸完。

选项	判断方法	现象
□	馏出液是否由浑浊变为澄清	
□	蒸馏烧瓶上层油层是否消失	
□	取1支试管收集馏出液，加入少量水，看有无油珠出现	

（2）洗涤：在粗品正溴丁烷中加入____ mL 水洗涤，分出水层，有机层先后进行4步洗涤。

顺序	洗涤剂	除去何种杂质	如何判断产品在（上、下）层
1			
2			
3			
4			

（3）干燥：将有机层倒入锥形瓶中，并放入____ g 无水氯化钙，配上塞子，充分振摇至液体澄清透明，再放置干燥，干燥时间为____ min。

（4）蒸馏：搭建好蒸馏装置，加热进行蒸馏。按要求收集正溴丁烷馏分，记录精制正溴丁烷的产量。

① 馏分最低温度：____℃；馏分最高温度：____℃。

② 精制所得产品质量：____ g（精确到0.01g）。

五、数据处理与质量评价

（一）产品外观记录

（二）产品收率计算及结果分析

1. 根据公式进行计算（保留3位有效数字）

$$收率=\frac{精制产品质量}{理论产量}\times 100\%$$

2. 结果分析与评价

以下几方面是否影响了你的实验收率，请进行自我评价分析。

□装置接口松动，气密性差

□物料计算有误

□不按规定顺序投料或者反应过程中出现炭化

□分液时未充分静置

□产品干燥时使用干燥剂无水氯化钙过多

□水洗后有机相呈红色

□粗产品正溴丁烷在蒸馏时未蒸完

□回流反应时间不足

□其他＿＿＿＿＿＿＿＿＿＿

（三）产品性质鉴定

根据实验内容，按要求配制溶液对产品进行性质鉴定，正确描述实验现象，并根据现象说明实验原理。

正溴丁烷的制备与质量评价考核评分表

实验内容	考核指标	参考配分	实际操作情况	得分
实验准备（6 分）	试剂瓶贴标签	2		
	物料核算正确	1		
	全过程无破碎玻璃器皿	1		
	全过程穿戴个人防护用品	1		
	在专用容器中处理废物	1		
合成阶段（20 分）	加料顺序正确	4		
	回流速度控制（蒸气浸润冷凝管 2 个球）	4		
	漏斗半倒扣在碱液中	4		
	冷凝管上端安装干燥管	4		
	反应完成先停加热后停冷凝水	4		
精制阶段（20 分）	洗涤顺序正确	5		
	干燥时间不少于 20min，溶液澄清	5		
	蒸馏装置试漏、温度计水银球位置正确	5		
	产物馏分收集（99～103℃）	5		
数据记录（5 分）	及时正确记录数据，不缺项，不准随意随地记录，每错一次扣 1 分	5		
数据处理（13 分）	产品外观：无色或者乳白色	5		
	收率计算正确（按规定保留有效数字）	3		
	50%≤收率<100%，等级赋分	5		
性质鉴定（8 分）	正确配制溶液（浓度正确）	2		
	熟练使用水浴锅	3		
	实验现象明显，实验成功	3		
报告书写（20 分）	报告结构完整	4		
	数据完整清晰	4		
	原理要点正确	4		
	HSE 正确	4		
	结果评价合理	4		
文明操作（8 分）	废液、废固和废弃物及时处理	2		
	滴管规范摆放	2		
	桌面保持干净	2		
	器皿摆放规范	2		

实验4 苯胺的制备与质量评价

【实验目标】

(1) 熟悉硝基还原的原理，能通过金属还原法制备苯胺。

(2) 能够熟练掌握普通蒸馏、水蒸气蒸馏等基本操作技术。

(3) 在酸性介质中利用铁粉还原法制备苯胺，完成一份工作报告。

【制备意义】

苯胺，又名氨基苯，是一种有机化合物，化学式为 C_6H_7N，为无色油状液体。苯胺是重要的有机化工原料，以它为原料能生产较重要的有机化工产品300余种。在染料工业方面，可用于制造酸性墨水蓝G、酸性媒介灰BS、靛蓝、分散黄棕、阳离子桃红FG和活性艳红X-SB等；在有机颜料方面，可用于制造金光红、金光红C、大红粉、酚菁红、油溶黑等。在农药工业中用于生产许多杀虫剂、杀菌剂如除草醚、毒草胺等。同时苯胺也是生产香料、塑料、清漆、胶片等的中间体，并可作为炸药中的稳定剂、汽油中的防爆剂等。

思考：查阅资料了解染发剂与苯胺类物质的关系，讨论其中发生了什么化学反应？

【实验原理】

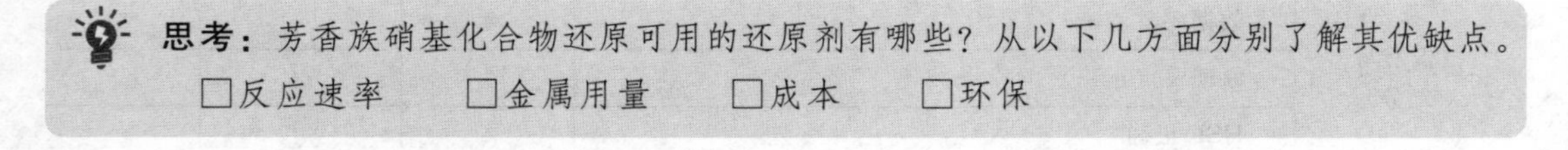

芳香族硝基化合物在酸性介质中还原是制备芳胺的重要方法。本实验采用Fe-HAc还原剂还原硝基苯合成苯胺。对合成的产品进行性质鉴定，同时粗产品纯化后，利用高效液相色谱法测定产品纯度并计算收率。反应相关物料的物性常数表见表3-4。

思考：芳香族硝基化合物还原可用的还原剂有哪些？从以下几方面分别了解其优缺点。
□反应速率 □金属用量 □成本 □环保

表3-4 物料的物性常数表

药品名称	分子量	密度/(g/mL)	沸点/℃	性状	水溶解度/(g/100mL)
硝基苯	123.11	1.2037	210.8	黄色油状	微溶于水
乙酸	60.05	—	117.9	—	溶于水
苯胺	184.4	1.0220	101.6	无色油状	不溶于水

 **思考：** 苯胺和硝基苯是否有毒？若不慎接触到皮肤，应如何处理？

【仪器与试剂】

仪器及用具：电热套、长颈圆底烧瓶、锥形瓶、圆底烧瓶、水蒸气蒸馏装置、普通蒸馏装置、空气冷凝管、回流冷凝管、分液漏斗、水浴锅等。

试剂：硝基苯、还原铁粉、乙酸、精盐、乙醚、氢氧化钠、淀粉-碘化钾试纸以及性质实验所用药品。

【操作步骤】

1. 物料安全性检测

用淀粉-碘化钾试纸检测乙醚中是否有过氧化物，若有，除去后备用。

2. 苯胺的合成

在 250mL 圆底烧瓶中加入 40g 还原铁粉（0.72mol）、40mL 水和 2mL 乙酸，充分振荡，使体系混合均匀。安装回流冷凝管，小火加热微沸 5min。稍冷，从冷凝管顶部分批次加入 25g（21mL，0.2mol）硝基苯，每次加完后要充分振荡，使烧瓶中反应物充分混合。硝基苯加完后，用电热套加热回流 0.5～1h，并不断振摇，直至回流液中黄色油状消失转变为乳白色油珠，反应停止。

 **思考：** 加入硝基苯前，为什么要小火加热 5min?

提示： 主要是活化铁粉，铁与乙酸作用生成二价铁，缩短反应时间。

3. 苯胺的精制

（1）水蒸气蒸馏　将反应液转移到 500mL 长颈圆底烧瓶中，进行水蒸气蒸馏（图 3-8），直至馏出液澄清，共收集馏出液 200mL 左右。

（2）盐析　将馏出液转入分液漏斗，分出有机层；水层用精盐饱和，精盐用量 40～50g。

（3）萃取　水层用乙醚萃取 3 次，每次用量 20mL。

（4）干燥　合并苯胺层和萃取液于一干净锥形瓶中，加入粒状氢氧化钠固体进行干燥。

（5）蒸馏　将干燥后的有机溶液，先进行水浴蒸馏除去乙醚；然后将剩余的溶液用电热套加热，改用空气冷凝管蒸馏，收集 180～185℃馏分，称量并计算产率。

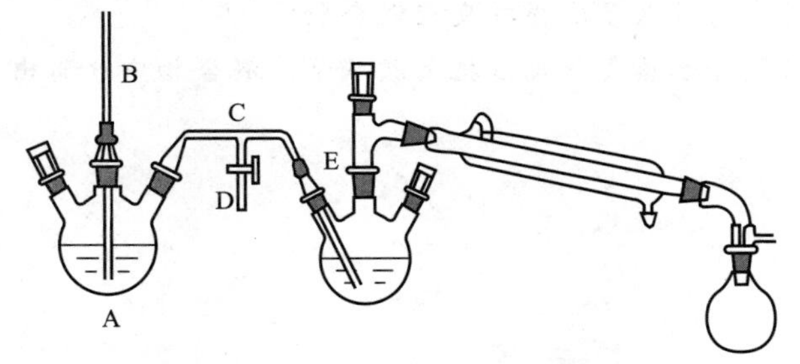

图 3-8　苯胺的制备-水蒸气蒸馏装置

思考：1. 加入食盐的目的何在？
2. 为什么先要进行水浴加热？

【质量评价】

1. 产品外观分析

纯的苯胺为无色液体，暴露在空气中或见光变成棕色。

2. 产品性质鉴定

（1）碱性实验　取1支试管，加入3～5滴自制苯胺和1mL水，振荡，观察苯胺是否溶解。再加入2～3滴浓盐酸，观察试管内有何变化。随后再向试管中逐滴加入10%氢氧化钠溶液，观察又有何现象发生。根据现象，说明原因。

（2）亚硝化实验　取1支试管，加入0.5mL自制产品苯胺、2mL浓盐酸和3mL水，振荡试管并浸入冰水浴中冷至0～5℃，然后逐滴加入25%亚硝酸溶液，并不断振荡，直至混合液遇淀粉-碘化钾试纸呈蓝色为止。

① 取上述溶液1mL于试管中加热，观察实验现象，有何气味出现？

② 取上述溶液0.5mL于试管中，加入2～3滴β-萘酚溶液，观察有无橙红色沉淀出现。

（3）取代实验　取1支试管，加入3mL水和1滴自制苯胺，振荡。然后逐滴加入饱和溴水，边加边振荡，观察实验现象，并说明原因。

3. 纯度分析与产率计算

① 准确称量3份自制产品于样品瓶中，编号后送样。利用高效液相色谱法测定产品中苯胺的含量。

② 计算产率并对结果进行分析、评价。根据色谱测定结果，计算苯胺含量和产品收率（保留到小数点后两位），并对实验结果进行评价分析。

$$\text{收率}=\frac{\text{精制产品质量}\times\text{纯度}}{\text{理论产量}}\times 100\%$$

【实验思考】

1. 本实验涉及几种加热方式，可否统一用一种加热方式加热？
2. 粗产品干燥时用了什么干燥剂，能否用硫酸镁或者氯化钙？
3. 如果粗产品中存在未反应完的原料硝基苯，应如何分离提纯？
4. 本实验在合成中为什么多次振摇反应混合物？
5. 本实验为什么选择水蒸气蒸馏法把苯胺从反应混合物中分离出来？

苯胺的制备与质量评价工作报告

一、健康、安全和环保要素分析与预防

（1）原料与产品的安全使用

物料	是否有毒性	操作规范	应急预案
硝基苯			
苯胺			

（2）环保要素分析：本实验用铁粉做还原剂，是否有环境污染之处？

二、实验原理

（1）简述实验基本原理（用方程式表达）。

（2）简单描述硝基苯是如何加入反应瓶中的？这样做的目的是什么？

三、实验仪器及装置

（1）根据投料数据及实验原理，选择合适的玻璃仪器，并填写仪器规格。

序号	仪器	规格（个数）	备注（注意事项）
1	单口烧瓶		
2	三口烧瓶		
3	回流冷凝管		
4	空气冷凝管		
5	直形冷凝管		
6	球形冷凝管		

（2）除了从上述仪器列表中选择外，完成本实验可能用到的玻璃仪器还有哪些？

（3）利用所选玻璃仪器及配套设备搭建反应装置和水蒸气蒸馏装置，并用铅笔绘制装置图。

四、实验操作及数据记录

（一）实验前准备

（1）根据实验内容和要求，清点玻璃仪器是否齐全、是否能正常使用。

（2）乙醚安全性检测

a. 检测步骤描述：________________

b. 检测结果：________________

（二）苯胺合成阶段

1. 搭建装置

2. 称量

称量（量取）所需物料的质量（体积）并记录在报告纸上（精确到 0.01g）。

$m_{硝基苯}$ = ____；$m_{铁粉}$ = ____；$V_{乙酸}$ = ____；$V_{水}$ = ____。

3. 投料

向烧瓶中加入铁粉、水和乙酸，充分振荡，混合摇匀。待反应物微沸 5min 后，分批加入硝基苯，并不断振摇。

4. 反应

回流过程中，如果冷凝器内壁沾有少量黄色油珠，可用少量水冲下，再继续反应一段时间，还原反应必须完全。

（1）加热方式：________________

（2）反应结束时的现象：________________

（3）反应用时：________________

（4）结束反应：正确拆卸反应装置，冷却后进行后处理。

（三）苯胺精制阶段

1. 水蒸气蒸馏

将反应液转移到____ mL 长颈圆底烧瓶中，进行水蒸气蒸馏，直至馏出液澄清，共收集馏出液____ mL。

2. 盐析

分出有机层后，向水层中加入食盐____ g，使之饱和。这样做的目的是：

□减少苯胺在水中的溶解度

□增大油水两相的密度差

3. 萃取与干燥

水层用乙醚萃取 3 次，合并苯胺层和萃取液，用____作为干燥剂进行干燥，干燥时间为________。

本实验关于干燥剂的使用说法正确的是：

□本实验不能用硫酸镁、氯化钙干燥，因为苯胺和二者形成分子化合物

□本实验也可用硫酸镁、氯化钙干燥

□本实验用粒状氢氧化钠干燥效果好

□本实验用粒状氢氧化钠干燥速度快，可避免苯胺长时间暴露空气中被氧化

4. 蒸馏

搭建蒸馏装置，先水浴加热蒸去__________，剩余溶液用电热套加热进行水蒸气蒸

馏，收集所需馏分。

（1）馏分：____________℃的馏分；（2）溶液是否浑浊：____________；

（3）产量：____________g。

五、数据处理与质量评价

（一）产品外观记录

（二）产品性质鉴定

按照实验要求，分别叙述碱性实验、亚硝化实验和取代实验的实验过程与步骤，正确描述实验现象，并分析和说明实验原理。

序号	实验内容	实验过程与步骤	实验现象	实验原理分析
1	碱性实验			
2	亚硝化实验			
3	取代实验			

（三）产品收率计算及结果分析

1. 纯度分析

根据液相色谱测定结果，计算产品中苯胺的纯度（保留 3 位有效数字）

2. 根据公式计算产品收率（保留 3 位有效数字）

$$收率=\frac{精制产品质量\times纯度}{理论产量}\times100\%$$

3. 结果分析与评价

以下几方面是否影响了你的实验收率，请进行自我评价分析。

□反应温度过高，乙酸挥发到空气中导致原料未反应完

□分液有残留损耗

□盐析时加入氯化钠不足

□产品中混有少量硝基苯

□蒸馏前馏分过多

□水相萃取不充分

□反应终点判断有误，提前终止反应

□其他____________________

苯胺的制备与质量评价考核评分表

实验内容	考核指标	参考配分	实际操作情况	得分
实验准备（5分）	仪器设备核查	1		
	乙醚安全性检测	1		
	全过程无破碎玻璃器皿	1		
	全过程穿戴个人防护用品	1		
	在专用容器中处理废物	1		
合成阶段（18分）	回流装置搭建正确、美观	3		
	小火微沸进行铁粉活化	2		
	硝基苯分批加入	3		
	不断振摇反应瓶	3		
	先通水后加热回流	2		
	回流冷凝管中黄色油珠及时用水冲下	2		
	反应终点判断正确	3		
精制阶段（22分）	水蒸气蒸馏装置搭建正确	3		
	水蒸气蒸馏操作无误	3		
	分液操作正确	2		
	水相判断正确	2		
	干燥剂选择正确	2		
	蒸馏装置搭建正确	2		
	水浴蒸去乙醚（安全要素）	3		
	蒸馏时先通水后加热	2		
	馏分收集正确（180～185℃）	3		
数据记录（4分）	及时正确记录数据，不缺项，不准随意记录，每错一次扣1分	4		
数据处理（18分）	产品外观：无色液体	2		
	纯度计算正确（按规定保留有效数字）	3		
	90%≤纯度≤100%，等级赋分	5		
	收率计算正确（按规定保留有效数字）	3		
	40%≤收率<100%，等级赋分	5		
性质鉴定（9分）	性质鉴定实验操作规范	3		
	实验现象明显	3		
	实验原理（方程式）表达正确	3		
报告书写（20分）	报告结构完整	4		
	数据完整清晰	4		
	原理要点正确	4		
	HSE正确	4		
	结果评价合理	4		
文明操作（4分）	废液、废固和废弃物及时处理	1		
	小组间团队合作	1		
	桌面保持干净	1		
	器皿摆放规范	1		

实验 5　环己烯的制备与质量评价

【实验目标】

（1）掌握烯烃的制备原理，能通过醇脱水反应制备环己烯。

（2）掌握分馏、水浴蒸馏等基本操作技术。

（3）根据要求制备环己烯，完成一份工作报告。

【制备意义】

环己烯，化学式为 C_6H_{10}，是无色透明液体。作为一种重要的化工原料，它可用于合成多种化工产品，如用环己烯制备的氯化环己烷，可用作溶剂和橡胶添加剂；制备的环己酮，可用作医药、农药、染料和香料的中间体原料及聚合物改性剂；制备的氨基环己醇，可用作表面活性剂和乳化剂等。除此之外，还可用作石油萃取剂和高辛烷值汽油稳定剂等。

思考： 环己烯在有机合成方面可以发生哪些类型的反应？

【实验原理】

主反应：

OH

$$\xrightarrow[\triangle]{85\%\ H_3PO_4} \quad + H_2O$$

副反应：

OH

$$\xrightarrow[\triangle]{85\%\ H_3PO_4}$$

O

在磷酸催化下，环己醇通过脱水制备环己烯。主反应是可逆反应，为了增大平衡转化率，实验过程中及时把生成的环己烯蒸出体系，这样也在一定程度上避免了醇分子脱水及烯烃聚合等副反应的发生。对合成的产品进行性质鉴定，同时在粗产品纯化后，根据产量计算收率。反应相关物料的物性常数见表 3-5。

表 3-5　物料的物性常数表

药品名称	分子量	密度/(g/mL)	沸点/℃	折射率 n_D^{20}	水溶解度/(g/100mL)
环己醇	100.16	0.949	161.1	1.4648	微溶于水
磷酸	97.99	1.874		—	溶于水
环己烯	82.16	0.810	101.6	1.4465	不溶于水

思考：查阅资料并完成表3-6物性参数的填写，讨论反应应用何种装置？

表3-6　恒沸化合物沸点及组成表

共沸物	恒沸点/℃	恒沸物组成
环己烯-水	70.8	含水量10%
环己醇-水		
环己烯-环己醇		

【仪器与试剂】

仪器及用具：电热套、圆底烧瓶、分馏柱、温度计、冷凝管、锥形瓶、接收瓶、接液管、分液漏斗、阿贝折射仪等。

试剂：环己醇、浓磷酸、碳酸钠、精盐、高锰酸钾、无水氯化钙等。

【操作步骤】

1. 溶液配制

① 配制5%碳酸钠水溶液100mL（小组共用），贴标签后备用。

② 配制4%高锰酸钾碱性溶液50mL（小组共用），贴标签后备用。

2. 环己烯的合成

如图3-9所示安装反应装置。选择合适规格的圆底烧瓶，搭建分馏反应装置。向圆底烧瓶中加入10g（10.4mL，约0.1mol）环己醇、4mL 85%浓磷酸和几粒沸石或者瓷片，充分振荡均匀。用油浴小火慢慢加热至混合物沸腾，控制分馏柱顶部的馏出液温度不超过90℃，至无液体馏出时，升温继续蒸馏。当圆底烧瓶中只剩下少量残渣并出现阵阵白雾时，反应完成，停止加热。全部蒸馏时间约1h。

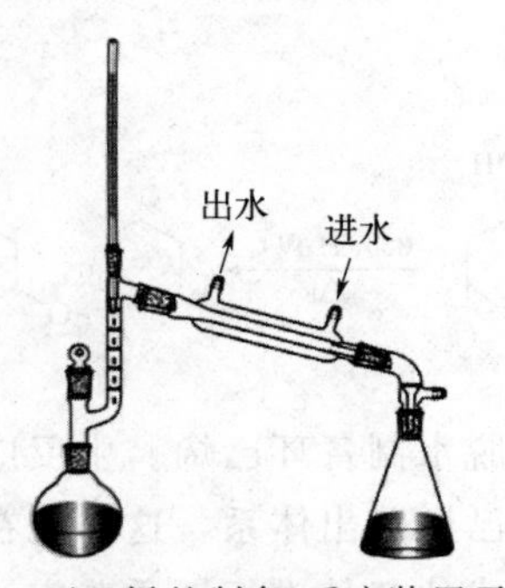

图3-9　环己烯的制备-反应装置示意图

思考：环己醇为黏稠液体，取用时如何确定加入的准确用量？

3. 环己烯的精制

（1）加盐　边搅拌，边向馏出液中加入1g左右的食盐至饱和，然后转移到分液漏斗中。

（2）中和　向分液漏斗中加入3～5mL 5%碳酸钠溶液，充分振荡后，静置分层。

（3）干燥　将有机相转移到一干燥的锥形瓶中，加入2g左右的无水氯化钙进行干燥，直至溶液澄清透亮，干燥时间不少于20min。

（4）蒸馏　倾倒上述溶液于一干净、干燥的圆底烧瓶，搭建蒸馏装置，水浴加热进行蒸馏。收集80～85℃的馏分，称量并计算产率。

思考： 1. 加入食盐的目的何在？
2. 蒸馏装置需要是无水的吗，为什么？

【质量评价】

1. 产品外观分析

纯的环己烯为无色透明液体。

2. 计算收率并对结果进行分析、评价

$$\text{收率}=\frac{\text{精制产品质量}}{\text{理论产量}}\times 100\%$$

3. 产品性质鉴定

① 取少量产品于一干净的试管中，加入2～3滴稀、冷的高锰酸钾碱性溶液，观察实验现象，并写出化学实验方程式。

② 取适量样品，用阿贝折射仪测定其折射率，按照阿贝折射仪使用方法，重复3次测量，求其平均值n_D^{20}。

【实验思考】

1. 本实验涉及了哪些有机化学基本操作？
2. 粗产品干燥时用了什么干燥剂，其除了吸收水分外，还有何作用？
3. 用磷酸作脱水剂相比用硫酸作脱水剂有哪些优点？
4. 本实验为什么使用分馏装置进行反应？可否直接用蒸馏装置？

环己烯的制备与质量评价工作报告

一、健康、安全和环保要素分析与预防

（从所用试剂、用电设备、“三废”处理等方面分别分析，并写出预防措施）

二、实验原理及物料取用

1. 实验基本原理（用方程式表达）

2. 描述黏稠液体环己醇的取用、投料操作过程

三、实验仪器及装置

（1）根据投料数据及实验原理，选择合适的玻璃仪器，并填写仪器规格。

序号	仪器	规格(个数)	备注(注意事项)
1	单口烧瓶		反应液容积不超过烧瓶容积的1/3～2/3
2	三口烧瓶		反应液容积不超过烧瓶容积的1/3～2/3
3	分馏柱		每次用完拆开洗净
4	空气冷凝管		沸点一般高于140℃使用
5	直形冷凝管		沸点一般低于140℃使用
6	球形冷凝管		
7	温度计		

（2）除了从上述仪器列表中选择外，完成本实验可能用到的玻璃仪器还有哪些？

（3）利用所选玻璃仪器及配套设备搭建反应装置和产品蒸馏纯化装置，并用铅笔绘制装置图。

四、实验操作及数据记录

（一）溶液配制

按照实验要求，以小组为单位配制碳酸钠溶液、高锰酸钾溶液。简单描述两种溶液的

配制过程。

（二）环己烯合成阶段

1. 搭建装置

根据物性参数，说明使用分馏装置的合理性。

2. 称量

称量所需的环己醇质量、浓磷酸的体积并记录在报告纸上（精确到0.01g）。

$m_{环己醇}$=____；$V_{磷酸}$=____。

3. 投料

向烧瓶中加入环己醇和磷酸，充分振荡，混合摇匀。

4. 反应

（1）分馏柱顶部温度：____________________

（2）馏出液状态：____________________

（3）反应结束时的现象：____________________

（4）反应用时：____________________

（5）结束反应：正确拆卸反应装置，冷却后进行后处理精制。

（三）环己烯精制阶段

1. 加盐

向馏出液中加入____g食盐，溶液达饱和状态。

2. 中和

向分液漏斗中加入5%碳酸钠溶液____mL，目的是____________

a. 中和少量的酸　　b. 增大油水两相的密度差

3. 干燥

在有机相中加入____g无水氯化钙进行干燥，干燥时间____，干燥后的溶液状态是____________________

4. 蒸馏

搭建蒸馏装置，水浴加热进行蒸馏。

（1）馏分：____________℃；（2）溶液是否浑浊：____________；

（3）产量：____________g。

五、数据处理与质量评价

（一）产品外观记录

（二）产品收率计算及结果分析

1. 根据公式进行计算（保留3位有效数字）

$$收率=\frac{精制产品质量}{理论产量}\times 100\%$$

2. 结果分析与评价

以下几方面是否影响了你的实验收率，请进行自我评价分析。

□环己醇未倒干净，原料损失

□环己醇和磷酸混合不均，有炭化现象

□反应时间不足，未完成反应

□反应温度过高，馏出液馏出速度过快

□蒸馏前馏分过多

□干燥剂用量过多

□环己烯在较高温度下进行转移和后处理

□其他＿＿＿＿＿＿＿＿＿＿

（三）理化性质鉴定与测试

1. 产品与高锰酸钾反应

（1）描述实验步骤与现象；

（2）书写化学反应方程式。

2. 折射率测定

实验次数	t/℃	n_D^t	n_D^{20}	平均值
1				
2				
3				

环己烯的制备与质量评价考核评分表

实验内容	考核指标	参考配分	实际操作情况	得分
实验准备（7分）	仪器设备核查	1		
	溶液配制方法正确	3		
	全过程无破碎玻璃器皿	1		
	全过程穿戴个人防护用品	1		
	在专用容器中处理废物	1		

续表

实验内容	考核指标		参考配分	实际操作情况	得分
合成阶段（18分）	分馏装置搭建正确、美观		3		
	圆底烧瓶规格选择正确		2		
	环己醇取用方法正确		3		
	柱顶温度低于90℃		3		
	冷凝管选择正确		2		
	馏出液馏出速度合适（2～3滴/s）		2		
	反应终点判断正确		3		
精制阶段（27分）	分液操作正确		3		
	有机相判断正确		3		
	干燥后溶液澄清透亮		3		
	蒸馏装置搭建正确		3		
	蒸馏装置所用仪器均干燥		3		
	蒸馏时先通水后加热		3		
	馏出液是否浑浊		3		
	水浴加热操作正确		3		
	馏分收集正确（80～85℃）		3		
数据记录（3分）	及时正确记录数据，不缺项，不准随意随地记录，每错一次扣1分		3		
数据处理（20分）	产品外观：无色液体		2		
	收率计算正确（按规定保留有效数字）		2		
	40%≤收率<100%，等级赋分		4		
	折射率测定3次		2		
	折射率数值正确		2		
	产品折射率（分档赋分）	1.4465±0.0001	8		
		1.4465±0.0002			
		1.4465±0.0003			
		1.4465±0.0004			
结构鉴定（6分）	性质鉴定实验操作规范		2		
	实验现象明显		2		
	实验原理（方程式）表达正确		2		
报告书写（15分）	报告结构完整		3		
	数据完整清晰		3		
	原理要点正确		3		
	HSE正确		3		
	结果评价合理		3		
文明操作（4分）	废液、废固和废弃物及时处理		1		
	小组间团队合作		1		
	桌面保持干净		1		
	器皿摆放规范		1		

实验 6　阿司匹林的制备与质量评价

【实验目标】

（1）掌握阿司匹林的制备原理及方法。

（2）了解水杨酸的限量检查方法，掌握水浴加热、抽滤等基本操作技术。

（3）制备阿司匹林并完成一份工作报告。

【制备意义】

阿司匹林，又名乙酰水杨酸，是一种白色结晶或结晶性粉末。阿司匹林直到目前仍然是一种广泛使用的解热镇痛药，用于治疗感冒、头痛、发烧、神经痛、关节痛及风湿病等。近年来，证明其具有抑制血小板凝聚的作用，其治疗范围又进一步扩大到预防血栓形成，可用于治疗心血管疾病。

思考：你还了解阿司匹林有哪些用途？

【实验原理】

水杨酸是一个具有酚羟基（—OH）和羧基（—COOH）双官能团的化合物，可进行两种不同的酯化反应。当水杨酸与乙酸酐作用时，发生酚羟基（—OH）上的酯化而生成乙酰水杨酸。同时，水杨酸会发生分子间缩合，生成少量的聚合物副产品。产品乙酰水杨酸能溶于碳酸氢钠形成盐，而聚合物不能溶于碳酸氢钠，利用这种性质上的差异可以将产品进行纯化。产品可通过限量检查法进行定性检测。

主反应：

$$o\text{-}HOC_6H_4COOH + (CH_3CO)_2O \xrightleftharpoons{H^+} o\text{-}CH_3COOC_6H_4COOH + CH_3COOH$$

副反应：

$$o\text{-}HOC_6H_4CO_2H \xrightarrow{H^+} \left[-O-C_6H_4-CO-O-C_6H_4-CO-O-C_6H_4-CO-O- \right]_n + H_2O$$

反应相关物料的物性常数见表 3-7。

表 3-7　物料的物性常数表

药品名称	分子量	密度/(g/mL)	沸点/℃	水溶解度/(g/100mL)
水杨酸	138.12	1.375	336.3	微溶于水
乙酸酐	102.09	1.087	140	—
乙酰水杨酸	180.16	1.35	321.4	微溶于水
浓硫酸	98.08	1.84	—	易溶于水

思考：查阅资料说明乙酸酐在生产中有哪些应用？使用时是否存在安全隐患？如何预防？

【仪器与试剂】

仪器及用具：恒温水浴锅、电热套、磁力搅拌器、电子分析天平、真空泵、圆底烧瓶、球形冷凝管、布氏漏斗、抽滤接收瓶、烧杯、温度计、量筒、移液管、容量瓶、药匙、红外灯等。

试剂：水杨酸、浓硫酸、乙酸酐、1%三氯化铁溶液、硫酸铁铵、浓盐酸、1mol/L盐酸溶液、冰乙酸、碳酸氢钠饱和溶液、乙醇、去离子水等。

【操作步骤】

1. 物料核算与溶液配制

① 水杨酸以取用10g计，以乙酸酐与水杨酸的物质的量之比为3计算乙酸酐用量。

② 水杨酸对照品配制，用于限量法产品检测（小组共用）。

a. 稀硫酸铁铵溶液配制：取8g硫酸铁铵，加水100mL溶解得硫酸铁铵指示液。取1mol/L盐酸溶液1mL，加硫酸铁铵指示液2mL后，加适量冷水，制成100mL溶液，摇匀后备用。

b. 水杨酸对照品配制：精确称取水杨酸0.1g，加少量水溶解后，加入1mL冰乙酸，摇匀。加适量冷水，制成1000mL溶液，摇匀。精确吸取1.00mL，加入1mL乙醇、48mL水及1mL新配制的稀硫酸铁铵溶液，摇匀。

思考：乙酸酐为什么要大大过量？

2. 水杨酸酯化

如图3-10所示安装反应装置。在装有球形冷凝管的圆底烧瓶中，依次加入水杨酸10g，计算量的乙酸酐和浓硫酸5滴，小心混匀。在70～80℃下水浴或用电热套加热搅拌30min。稍冷，将反应液倾入150mL冰水中，放置10min，使阿司匹林结晶完全析出（如不结晶析出，或者是油状物，可以用玻璃棒摩擦瓶壁）。待结晶析出完全后，减压过滤。

思考：反应完成后，为什么要将反应液倒入冰水中？

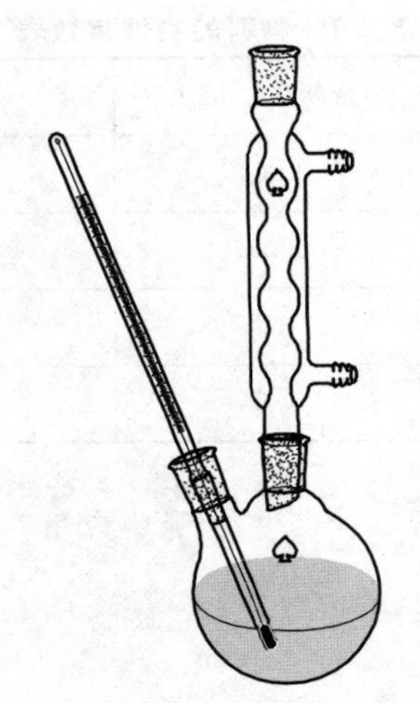

图 3-10　水杨酸酯化装置

3. 阿司匹林精制

将上述粗产品转入烧杯中，在搅拌下加入适量饱和碳酸氢钠水溶液，直至无二氧化碳气体生成。减压过滤以除去副产品聚合物。用冷水冲洗烧杯和漏斗，合并滤液。向滤液中加入浓盐酸至溶液 pH 不大于 2，搅拌均匀。将烧杯置于冰水中，产品乙酰水杨酸沉淀析出。减压过滤，并用玻璃塞挤压漏斗中结晶，再用冷水洗涤 2 次后，充分抽干。将产品置于红外灯下干燥后（干燥时温度不超过 60℃为宜），称量产品，计算收率。

【质量评价】

1. 产物外观分析

阿司匹林为白色针状或板状结晶。

2. 计算收率并对结果进行分析、评价

$$收率=\frac{精制产品质量}{理论产量}\times 100\%$$

3. 定性检验（纯度检测）

从实验过程看，可能存在于产物中的杂质是原料水杨酸，这是由于水杨酸酯化反应不完全导致的。我们可以通过下面的方法对产物的纯度进行检测。

方法一：限量检查法。

取阿司匹林 0.10g，加乙醇 1mL 溶解后，加冷水适量，制成 50mL 溶液。立即加入 1mL 新配制的稀硫酸铁铵溶液，摇匀；30s 内如显色，与对照品比较，若颜色不深于对照品，则杂质水杨酸的限量为 0.1%。

方法二：直接显色法。

向盛有 5mL 乙醇的试管中加入 1～2 滴 1%三氯化铁溶液，然后取几粒产品加入试管中，观察有无颜色变化。

【注意事项】

（1）原料水杨酸应当预先干燥好，取用浓硫酸、乙酸酐的量筒也应干燥。

（2）乙酸酐具有催泪性和腐蚀性，取用时必须戴乳胶手套并在通风橱中进行，不慎沾上时应及时用大量清水冲洗。

（3）酯化反应温度在80℃左右，温度太高，容易导致乙酰水杨酸发生分解，同时会增加副产物的生成。

（4）酯化反应结束后，产物慢慢加入冰水中，这是因为多余的乙酸酐遇水极易分解、放热，有蒸气溢出，最好在通风橱中操作。

（5）加入饱和碳酸氢钠溶液时，要边加边搅拌，防止酸碱反应剧烈发生。

【实验思考】

1. 向反应液中加入少量浓硫酸的目的是什么？不加浓硫酸对实验有何影响？

2. 制备阿司匹林时，为什么所用仪器必须是干燥的？

3. 碳酸氢钠溶液洗涤的目的是什么？

4. 为了提高产品纯度和收率，本实验可以进行哪些改进？

阿司匹林的制备与质量评价工作报告

一、健康、安全和环保要素分析与预防

（从所用试剂、玻璃仪器及用电设备、“三废”处理等方面分别分析，并写出预防措施）

二、物料核算过程及分析

（1）简述实验基本原理（用方程式表达）。

（2）查阅资料填写原料物理常数，并计算所需原料质量（精确到0.01g）或体积。

原料	分子量	相对密度	质量/g	体积/mL
水杨酸				
乙酸酐				
浓硫酸				

计算过程：

（3）分析实验中采取乙酸酐过量的原因。

三、实验仪器及装置

（1）根据物料核算数据，选择合适的玻璃仪器，并填写仪器规格。

序号	仪器	规格(个数)	备注(注意事项)

（2）利用所选玻璃仪器及配套设备搭建反应装置，并用铅笔绘制反应装置图。

四、实验操作及数据记录

（一）水杨酸酯化阶段

1. 称量

称量或量取所需的水杨酸和乙酸酐的用量并记录。

$m_{水杨酸}=$______；$V_{乙酸酐}=$______。

2. 投料

（1）原料和浓硫酸混合，会放热。

选项	投料顺序	安全因素分析	预防措施
□	先投水杨酸和乙酸酐再投浓硫酸		
□	先投浓硫酸再投水杨酸和乙酸酐		

（2）乙酸酐具有刺激性，应在____________________环境中使用。

3. 反应（简述反应过程）

（1）加热方式与反应过程描述：____________________

（2）产品沉淀析出过程描述：____________________

4. 结束反应

正确拆卸反应装置，并收集好粗产品用于下一步精制。

（二）阿司匹林精制阶段

（1）除杂：向粗产品中慢慢加入______ mL 饱和碳酸氢钠水溶液，现象是________，目的是____________________。

（2）酸化：向滤液中加入浓盐酸至溶液 pH 为________，搅拌均匀后，置于冰水中，产品乙酰水杨酸析出。

（3）过滤：减压过滤，并用玻璃塞挤压漏斗中结晶，再用冷水洗涤 2 次后，充分抽干。

（4）干燥：干燥方式为________（干燥时温度以不超过 60℃为宜）。

（5）称量所得精制产品质量：______ g（精确到 0.01g）。

五、数据处理与质量评价

（一）产品外观记录

（二）产品纯度检测与收率计算

1. 溶液配制

① 描述稀硫酸铁铵溶液配制过程：

② 描述水杨酸对照品配制过程：

2. 产品纯度分析

① 描述限量法检验产品纯度的过程：

② 定性检测结果：________________

3. 根据公式计算产品收率（保留3位有效数字）

$$收率=\frac{精制产品质量}{理论产量}\times 100\%$$

4. 结果分析与评价

以下几方面是否影响了你的产品纯度和实验收率，请进行自我评价分析。

□反应时间不充分，原料未反应彻底

□控温失败，导致副产品生成过多

□不按规定顺序投料或者反应过程中出现炭化

□过滤时滤液损失

□乙酸酐计算错误，导致实际加入量过少

□酸化时，pH控制不当

□饱和碳酸氢钠溶液洗涤不充分

□产品收集时损耗或撒落（如滤液未合并处理）

□产品干燥效果不好

□其他________________

阿司匹林的制备与质量评价考核评分表

实验内容	考核指标	参考配分	实际操作情况	得分
实验准备（6分）	新配制溶液贴标签	2		
	物料核算正确	1		
	全过程无破碎玻璃器皿	1		
	全过程穿戴个人防护用品	1		
	在专用容器中处理废物	1		
合成阶段（24分）	所用反应容器是否干燥	3		
	是否在通风处取用乙酸酐	3		
	加料顺序正确	3		
	控温在合适范围内（70～80℃）	3		
	将粗产物倒入冰水中，静置不少于10min	3		
	是否有结晶析出	3		
	抽滤瓶干净	3		
	抽滤操作规范（抽滤结束后先拔管后停泵）	3		

续表

实验内容	考核指标	参考配分	实际操作情况	得分
精制阶段（21 分）	碳酸氢钠溶液加入量合理	3		
	是否合并滤液	3		
	酸化用的盐酸加入量正确（pH 1～2）	3		
	减压过滤操作规范（用玻璃塞挤压产品）	3		
	是否用冷水洗涤产品	3		
	干燥温度正确	3		
	干燥效果良好	3		
产品检测（15 分）	外观正确（白色固体或结晶）	2		
	相关溶液配制正确	5		
	限量法检测产品方法正确	3		
	产品纯度符合要求（限量小于 0.1%），或用三氯化铁检测，颜色浅或者无色	5		
数据记录（3 分）	及时正确记录数据，不缺项，不准随意随地记录，错一次扣 1 分	3		
数据处理（10 分）	乙酸酐用量计算正确	2		
	收率计算正确（按规定保留有效数字）	2		
	收率按等级赋分。收率大于 90%满分，每降低 3 个百分点减 2 分，减完为止	6		
报告书写（15 分）	报告结构完整	3		
	数据完整清晰	3		
	原理要点正确	3		
	HSE 正确	3		
	结果评价合理	3		
文明操作（6 分）	废液、废固和废弃物及时处理	2		
	桌面保持干净	2		
	器皿摆放规范	2		

实验 7 正丁醚的制备与质量评价

【实验目标】

(1) 理解并掌握醇脱水制备醚的原理和方法。

(2) 掌握回流分水装置的安装和分水器的使用方法。

(3) 称取一定质量正丁醇合成产品，完成一份工作报告。

【制备意义】

正丁醚等醚类化合物在大多数有机化合物中有良好的溶解度，在水中的溶解度(20℃) 仅为0.03% (重量)，可用作树脂、油脂、有机酸、酯、蜡、生物碱、激素等的萃取剂，正丁醚和磷酸丁酯的混合溶液可用作分离稀土元素的溶剂；同时，由于正丁醚是惰性溶剂，还可用于格氏试剂、橡胶、农药等有机合成反应。

 思考：正丁醚为什么常用于制备格氏试剂等有机合成中?

【实验原理】

在催化剂存在下，采用醇作原料脱水是制备醚的常用方法。本实验以正丁醇为原料，在浓硫酸催化下加热，发生分子间脱水制备正丁醚，同时，醇可能发生分子内脱水生成副产物正丁烯。反应过程中利用分水器及时将生成的水移除体系，促进反应平衡右移，提高产品收率。实验通过测定折射率对产品纯度进行分析、判断。反应相关物料的物性常数见表 3-8。

表 3-8 物料的物性常数表

试剂名称	分子量	密度/(g/cm^3)	熔点/℃	沸点/℃	折射率 n_D^{20}
正丁醇	74.14	0.8109	−90.2	117.7	1.3993
硫酸	98.08	1.84	−90.8	338	
正丁醚	130.23	0.7704	−98	142	1.3992

主反应：

$$2CH_3CH_2CH_2CH_2OH \underset{\triangle}{\overset{H_2SO_4}{\rightleftharpoons}} (CH_3CH_2CH_2CH_2)_2O + H_2O$$

副反应：

$$CH_3CH_2CH_2CH_2OH \xrightarrow[\triangle]{H_2SO_4} CH_3CH_2CH{=\!=}CH_2 + H_2O$$

【仪器与试剂】

仪器及用具：三口烧瓶、圆底烧瓶、温度计、球形冷凝管、直形冷凝管、蒸馏头、牛角管、分水器、锥形瓶、电热套、磁力搅拌器、铁架台、分液漏斗、电子天平、阿贝折射仪、烧杯、量筒、胶头滴管等。

试剂：正丁醇（A. R）、浓硫酸、氢氧化钠、无水氯化钙等。

思考：查阅资料说明所用原料在使用时是否存在安全隐患？如何预防？

【操作步骤】

1. 溶液配制

配制饱和氯化钙溶液和5%氢氧化钠溶液各50mL，用于粗产品正丁醚的洗涤。

2. 正丁醚的合成

如图3-11所示安装反应装置。在三口烧瓶中加入12.5g正丁醇、2.5mL浓硫酸和几粒沸石，摇动混合均匀。三口烧瓶一侧口安装温度计，温度计水银球插入液面以下，中间口安装分水器，分水器内加水至支管后放去V_0mL水，使得分水器内有$(V-V_0)$mL水，分水器上端接一回流冷凝管，三口瓶另一侧口用玻璃塞塞住。

（1）*V_0的计算*　按照醇转化为醚是定量反应，计算反应应该被除去的水量。

（2）*启动反应*　开始时，用电热套小火加热，保持瓶内液体微沸，回流分水。反应生成的水经冷凝后收集到分水器的下层，上层有机相积至分水器支管时，即可返回烧瓶。反应过程中，反应液温度控制在130～136℃，待分水器已全部被水充满时反应已基本完成（约需1.5h），停止加热。若继续加热，则反应液变黑并有较多副产物生成。

3. 正丁醚的精制

（1）*洗涤*　将上述反应液冷却到室温后，把混合物转入分液漏斗中，用适量5%氢氧化钠溶液洗涤至碱性，充分振摇，静置后弃去下层液体。有机层依次用10mL水及10mL饱和氯化钙溶液洗涤，分出水层。

（2）*干燥*　将有机层倒入锥形瓶中，并放入适量无水氯化钙，配上塞子，充分振摇至液体澄清透明，再放置干燥。

（3）*蒸馏*　干燥后的产物滤入蒸馏瓶中进行蒸馏，收集139～142℃馏分，称量馏分质量并计算收率。

【质量评价】

1. 产物纯度分析

测定产品的折射率，平行测定3次，求产品的平均值$\bar{n}_D^{20}$，并对产品纯度进行判断。

2. 计算收率并对结果进行分析、评价

$$收率=\frac{精制产品质量}{理论产量}\times100\%$$

【注意事项】

（1）加料时，正丁醇和浓硫酸要充分摇动混匀，否则会导致硫酸局部过浓，加热后易使反应溶液变黑。

（2）制备正丁醚的适宜温度是130～140℃，但开始回流时，这个温度很难达到，因

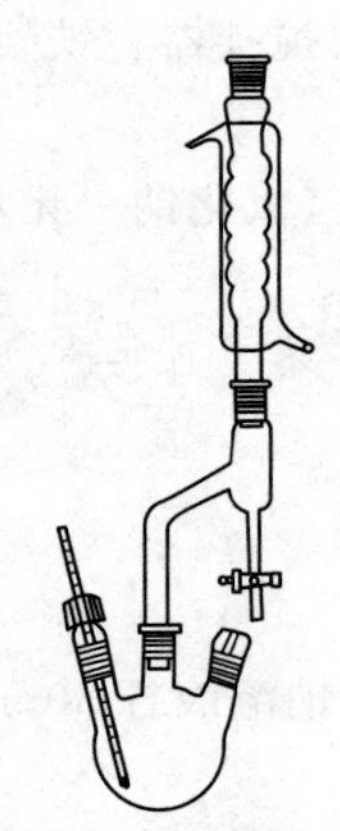

图 3-11 正丁醚的合成装置示意图

为正丁醚可与水形成共沸物（沸点 94.1℃，含水 33.4%）；另外，正丁醚与水及正丁醇形成三元共沸物（沸点 90.6℃，含水 29.9%，正丁醇 34.6%）；正丁醇也可与水形成共沸物（沸点 93℃，含水 44.5%）。

（3）在碱洗过程中，不要太剧烈地摇动分液漏斗，否则生成乳浊液，分离困难。

（4）正丁醇易溶于饱和氯化钙溶液，而正丁醚微溶。

【实验思考】

1. 如何判断反应是否已基本完成？

2. 正丁醚纯化时，各步的洗涤目的何在？

3. 能否用本实验方法由乙醇和 2-丁醇制备乙基仲丁基醚？你认为用什么方法比较好？

4. 分水器适合用于哪些场景的有机合成反应装置？

正丁醚的制备与质量评价工作报告

一、健康、安全和环保要素分析与预防

（从所用试剂、玻璃仪器及用电设备等、“三废”处理方面分别分析，并写出预防措施）

二、物料核算过程及分析

（1）简述实验基本原理（用方程式表达）。

（2）查阅资料填写原料物理常数，并记录所需原料质量（精确到 0.01g）或体积。

原料	分子量	相对密度	质量/g	体积/mL
正丁醇				
浓硫酸				

三、实验仪器及装置

（1）根据物料核算数据，选择合适的玻璃仪器，并填写仪器规格。

序号	仪器	规格（个数）	备注（注意事项）

（2）利用所选玻璃仪器及配套设备搭建反应装置，并用铅笔绘制反应装置图。

四、实验操作及数据记录

（一）正丁醚合成阶段

1. 称量

称量或量取所需的原料并记录。

$m_{正丁醇}$=________；$V_{硫酸}$=________。

2. 投料

(1) 正丁醇和浓硫酸混合，剧烈放热。

选项	投料顺序	安全因素分析	预防措施
□	先投正丁醇再投浓硫酸		
□	先投浓硫酸再投正丁醇		

(2) 计算 V_0（分水器中事先放掉的水量），写出计算过程。

3. 反应

描述正丁醚的合成过程。

4. 结束反应

(1) 反应停止的标志及温度记录：________________________。

(2) 正确拆卸反应装置，并收集粗产品用于下一步精制。

（二）正丁醚精制阶段

1. 溶液配制（计算溶质质量）

配制饱和氯化钙溶液和5%氢氧化钠溶液各50mL，用于粗产品正丁醚的洗涤。配制完成后转移到试剂瓶中，并贴上相应的试剂标签。

2. 精制

(1) 洗涤：将合成的粗产品转移到分液漏斗中，用______ mL 5%氢氧化钠溶液洗涤至碱性，有机层依次用水、饱和氯化钙溶液洗涤后分液。正丁醚粗产品在______（上层、下层），判断的依据是：____________________。

(2) 干燥：将正丁醚倒入锥形瓶中，并放入______ g无水氯化钙，配上塞子，充分振摇至液体澄清透明，再放置干燥，干燥时间为__________ min。

(3) 蒸馏：搭建好蒸馏装置，加热进行蒸馏。按要求收集正丁醚馏分，称量并记录精制正丁醚的产量。

① 馏分最低温度：______℃；馏分最高温度：______℃。

② 精制所得产品质量：______ g（精确到0.01g）。

五、数据处理与质量评价

（一）产物纯度分析

测定产品的折射率（n_D^{20}）3次，求取平均值。

实验次数	t/℃	n_D^t	n_D^{20}	平均值
1				
2				
3				

（二）产品收率计算

1. 根据公式进行计算（保留 3 位有效数字）

$$收率=\frac{精制产品质量}{理论产量}\times 100\%$$

2. 结果分析与评价

以下几方面是否影响了你的实验收率，请进行自我评价分析。

□分水器中未正确放出计算量的水量

□控温失败，导致副产品生成过多

□不按规定顺序投料或者反应过程中出现炭化

□分液时未充分静置

□产品干燥时使用干燥剂氯化钙过多

□蒸馏时未去除前馏分

□洗涤不充分，导致产品中杂质过多

□产品干燥时没有密封，导致挥发较多

□其他____________________

正丁醚的制备与质量评价考核评分表

实验内容	考核指标	参考配分	实际操作情况	得分
实验准备（5 分）	试剂瓶贴标签	2		
	全过程无破碎玻璃器皿	1		
	全过程穿戴个人防护用品	1		
	在专用容器中处理废物	1		
合成阶段（27 分）	加料顺序正确	3		
	温度计水银球在液面以下	3		
	分水器和冷凝管安装正确	3		
	分水器中水量正确（V_0 计算正确）	3		
	反应前先通冷凝水后加热	3		
	反应完成先停加热后停冷凝水	3		
	控温在适宜范围内（不超过 136℃）	3		
	反应结束时间判断正确	3		
	反应液是否变黑	3		

续表

<table>
<tr><th>实验内容</th><th colspan="2">考核指标</th><th>参考配分</th><th>实际操作情况</th><th>得分</th></tr>
<tr><td rowspan="7">精制阶段
（21分）</td><td colspan="2">洗涤顺序正确</td><td>3</td><td></td><td></td></tr>
<tr><td colspan="2">干燥时间不少于15min，溶液澄清</td><td>3</td><td></td><td></td></tr>
<tr><td colspan="2">干燥方法正确（加盖瓶塞）</td><td>3</td><td></td><td></td></tr>
<tr><td colspan="2">蒸馏装置中所用仪器干燥</td><td>3</td><td></td><td></td></tr>
<tr><td colspan="2">蒸馏装置试漏、温度计水银球位置正确</td><td>3</td><td></td><td></td></tr>
<tr><td colspan="2">正确去掉前馏分</td><td>3</td><td></td><td></td></tr>
<tr><td colspan="2">产物馏分收集正确（139～142℃）</td><td>3</td><td></td><td></td></tr>
<tr><td>数据记录
（5分）</td><td colspan="2">及时正确记录数据，不缺项，不准随意随地记录，错一次扣1分</td><td>5</td><td></td><td></td></tr>
<tr><td rowspan="9">数据处理
（24分）</td><td colspan="2">折射率测定方法正确</td><td>3</td><td></td><td></td></tr>
<tr><td colspan="2">折射率测定数值有效数字保留正确</td><td>3</td><td></td><td></td></tr>
<tr><td rowspan="4">产品折射率
（分档赋分）</td><td>1.3992±0.0001</td><td rowspan="4">8</td><td rowspan="4"></td><td rowspan="4"></td></tr>
<tr><td>1.3992±0.0002</td></tr>
<tr><td>1.3992±0.0003</td></tr>
<tr><td>1.3992±0.0004</td></tr>
<tr><td colspan="2">理论产量计算正确</td><td>2</td><td></td><td></td></tr>
<tr><td colspan="2">收率计算正确（按规定保留有效数字）</td><td>2</td><td></td><td></td></tr>
<tr><td colspan="2">50%≤收率，得满分；按等级赋分。每减少2个百分点减一分，减完为止</td><td>6</td><td></td><td></td></tr>
<tr><td rowspan="5">报告书写
（10分）</td><td colspan="2">报告结构完整</td><td>2</td><td></td><td></td></tr>
<tr><td colspan="2">数据完整清晰</td><td>2</td><td></td><td></td></tr>
<tr><td colspan="2">原理要点正确</td><td>2</td><td></td><td></td></tr>
<tr><td colspan="2">HSE正确</td><td>2</td><td></td><td></td></tr>
<tr><td colspan="2">结果评价合理</td><td>2</td><td></td><td></td></tr>
<tr><td rowspan="4">文明操作
（8分）</td><td colspan="2">废液、废固和废弃物及时处理</td><td>2</td><td></td><td></td></tr>
<tr><td colspan="2">滴管规范摆放</td><td>2</td><td></td><td></td></tr>
<tr><td colspan="2">桌面保持干净</td><td>2</td><td></td><td></td></tr>
<tr><td colspan="2">器皿摆放规范</td><td>2</td><td></td><td></td></tr>
</table>

实验 8　乙酰苯胺的制备与质量评价

【实验目标】

（1）掌握苯胺乙酰化反应的原理和实验操作技术。

（2）学习固体有机物重结晶提纯的方法。

（3）制备乙酰苯胺并完成一份工作报告。

【制备意义】

乙酰苯胺为无色片状晶体，在药物合成、工业生产中有非常重要的作用。乙酰苯胺是磺胺类药物的重要原料，用于制备中间体氯乙酰苯胺、对硝基乙酰苯胺及对氨基苯磺酰胺。其本身可用作止痛剂、退热剂和防腐剂。在工业上可作橡胶硫化促进剂、纤维素涂料、过氧化氢的稳定剂，以及用于合成樟脑等，还可用作制青霉素 G 的培养基。

思考： 苯胺的乙酰化是氨基保护的重要措施，这在有机合成上有哪些应用？

【实验原理】

芳胺可用酰氯、酸酐或与冰乙酸加热来进行酰化。一般来说，酸酐是比酰氯更好的酰化试剂，芳胺与纯乙酸酐进行酰化时，常伴有二乙酰胺副产物的生成。乙酸作酰化剂，一般反应时间较长。但相比乙酸酐，乙酸易得，价格便宜。因此本实验选择乙酸作为芳胺的酰化试剂。

芳胺的酰化是可逆的，为提高芳胺的平衡转化率，一般加入过量的冰乙酸，同时不断地把生成的水移出反应体系。实验加入少量的锌粉，防止苯胺被氧化。反应相关物料的物性常数见表 3-9。

$$C_6H_5NH_2 + CH_3COOH \xrightleftharpoons{\text{锌粉}} C_6H_5NH-\overset{O}{\overset{\|}{C}}-CH_3 + H_2O$$

表 3-9　物料的物性常数表

药品名称	分子量	密度/(g/mL)	熔点/℃	沸点/℃	水溶解度/(g/100mL)
苯胺	93.127	1.022	−6.3	184	微溶于水
乙酸	60.052	1.05	—	117.9	任意比
锌粉	65.38	7.14	—	907	—
乙酰苯胺	135.17		114		微溶于水

【仪器与试剂】

仪器及用具：红外光谱仪、电子天平、电热套、磁力搅拌器、圆底烧瓶、分馏柱、直形冷凝管、蒸馏头、接液管、温度计、锥形瓶、恒温漏斗、真空泵、布氏漏斗、滤纸、抽滤瓶、烧杯、量筒、称样纸、药匙、红外灯等。

试剂：苯胺、冰乙酸、锌粉、活性炭、溴化钾、去离子水等。

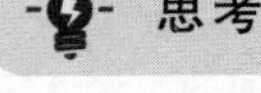

思考：查阅资料说明所用原料在使用时是否存在安全隐患？如何预防？

【操作步骤】

1. 物料计算及原料处理

① 按生产 10g 产品，产率 70%，冰乙酸和苯胺物质的量比为不大于 3，计算苯胺和冰乙酸的用量。

② 原料苯胺处理：制备新蒸馏的苯胺 100mL（小组协作、共用）。

2. 乙酰苯胺的合成

如图 3-12 所示安装反应装置。选择合适的圆底烧瓶，在烧瓶上依次装分馏柱、温度计、冷凝管、接液管和接收瓶。加入计算量的新蒸馏过的苯胺、冰乙酸和适量（0.1～0.2g）锌粉。缓慢加热至沸腾，保持反应混合物微沸状态约 10min，然后逐渐升温，控制温度使温度计读数在 105℃左右，反应约 1.5h。当温度计的读数发生上下波动或自行下降时（有时反应容器中出现白雾），反应达到终点，停止加热。

在不断搅拌下把反应混合物趁热倒入盛有 150mL 冷水的烧杯中，冷却后抽滤析出的固体，并用 5～10mL 冷水洗涤以除去残留的酸液，最后产品尽量抽干。

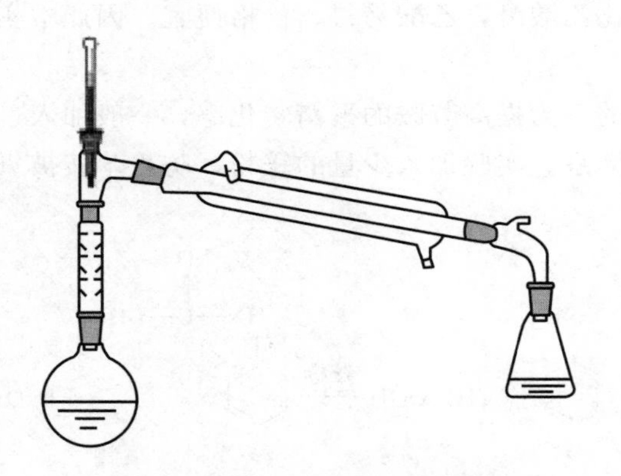

图 3-12　乙酰苯胺合成装置示意图

3. 乙酰苯胺重结晶（精制）

（1）溶解　把粗乙酰苯胺放入适量热水中，加热至沸腾。如果仍有未溶解的油珠，需补加热水，直到油珠完全溶解后再补加约 20% 的水。

（2）活性炭脱色　稍冷后加入活性炭，用玻璃棒搅动并煮沸 5～10min。

（3）趁热过滤　趁热用恒温漏斗进行过滤。

（4）冷却　冷却滤液至室温，产品析出。

（5）抽滤　减压过滤，尽量挤压除尽晶体中的水分。

（6）干燥　产品放在红外灯下烘干，称量产品质量。

【质量评价】

1. 产物定性分析

取适量样品，利用溴化钾压片法对产品进行红外光谱测试，根据光谱图，结合相关数据对谱图中的峰进行归属，并定性判断产品的纯度。

乙酰苯胺的光谱中的振动频率如下：

$3300\sim3200cm^{-1}$	υ_{NH}
$1360\sim1250cm^{-1}$	υ_{CN}
$1670cm^{-1}$	$\upsilon_{C=O}$
$3030cm^{-1}$	苯环的υ_{CH}
$1600\sim1450cm^{-1}$	苯环的骨架振动
$760cm^{-1}$，$699cm^{-1}$	苯环一取代的δ_{CH}

2. 计算收率并对结果进行分析、评价

$$收率=\frac{精制产品质量}{理论产量}\times100\%$$

【注意事项】

（1）锌粉的作用是防止苯胺在反应过程中氧化。但不能加得过多，否则在后处理中会出现不溶于水的氢氧化锌。

（2）乙酰苯胺于不同温度在100mL水中的溶解度为：20℃，0.46g；25℃，0.56g；80℃，3.50g；100℃，5.5g。在加热煮沸时，会蒸发掉一部分水，需随时适量补加热水。

（3）不能在沸腾或者接近沸腾的溶液中加入活性炭，否则会引起突然暴沸。

【实验思考】

1. 反应时为什么要控制分馏柱柱顶温度在105℃左右？
2. 在重结晶操作中，哪些操作要点有利于提高产品产率和质量？
3. 乙酰苯胺的制备实验是采用什么方法来提高产品产量的？
4. 合成乙酰苯胺时，反应达到终点时为什么会出现温度计读数的上下波动？

【拓展与延伸】红外光谱及应用

红外光谱是分子能选择性吸收某些波长的红外线，而引起分子中振动能级和转动能级的跃迁，检测红外线被吸收的情况可得到物质的红外吸收光谱。

在有机物分子中，组成化学键或官能团的原子处于不断振动的状态，其振动频率与红外光的振动频率相当。所以，用红外光照射有机物分子时，分子中的化学键或官能团可发生振动吸收，不同的化学键或官能团吸收频率不同，在红外光谱上将处于不同位置，从而可获得分子中含有何种化学键或官能团的信息。

红外光谱对样品的适用性相当广泛，固态、液态或气态样品都能应用，无机、有机、高分子化合物都可检测。此外，红外光谱还具有测试迅速、操作方便、重复性好、灵敏度高、试样用量少、仪器结构简单等特点，因此，它已成为现代结构化学和分析化学最常用和不可缺少的工具。红外吸收峰的位置与强度反映了分子结构上的特点，可以用来鉴别未知物的结构组成或确定其化学基团；而吸收谱带的吸收强度与化学基团的含量有关，可用于进行定量分析和纯度鉴定。另外，在化学反应的机理研究上，红外光谱也发挥了一定的作用。但其应用最广的还是未知化合物的结构鉴定。红外光谱具有高度的特征性，所以采用与标准化合物的红外光谱对比的方法来做分析鉴定已很普遍，并已有几种标准红外光谱汇集成册出版，如《萨特勒标准红外光栅光谱集》收集了十万多个化合物的红外光谱图。近年来又将这些图谱贮存在计算机中，用来对比和检索。

红外光谱是物质定性的重要的方法之一。它的解析能够提供许多关于官能团的信息，可以帮助确定部分乃至全部分子类型及结构。其定性分析有特征性高、分析时间短、需要的试样量少、不破坏试样、测定方便等优点。近年来，利用计算机方法解析红外光谱，在国内外已有了比较广泛的研究，新的成果不断涌现，不仅提高了解谱的速度，而且成功率也很高。随着计算机技术的不断进步和解谱思路的不断完善，计算机辅助红外解谱必将对教学、科研的工作效率产生更加积极的影响。

乙酰苯胺的制备与质量评价工作报告

一、健康、安全和环保要素分析与预防

（从所用试剂、玻璃仪器及用电设备、“三废”处理等方面分别分析，并写出预防措施）

二、物料核算过程及分析

（1）简述实验基本原理（用方程式表达）。

（2）查阅资料填写原料物理常数，并计算所需原料质量（精确到 0.01g）或体积。

原料	分子量	相对密度	质量/g	体积/mL
苯胺				
冰乙酸				
锌粉				

计算过程：

（3）分析实验中采取冰乙酸过量的原因。

三、实验仪器及装置

（1）结合物料核算数据，选择合适的玻璃仪器，并填写仪器规格。

序号	仪器	规格(个数)	备注(注意事项)

（2）利用所选玻璃仪器及配套设备搭建反应装置，并用铅笔绘制反应装置图。

四、实验操作及数据记录

（一）乙酰苯胺合成阶段

1. 称量

称量所需的苯胺、冰乙酸和锌粉并记录。

$V_{苯胺}$＝______；$V_{冰乙酸}$＝______；$m_{锌粉}$＝______。

2. 投料

冰乙酸具有刺激性，应在____________环境中使用。

3. 反应（简述反应过程）

（1）控温过程描述：______________

（2）反应过程描述：______________

（3）粗产品沉淀过程描述：______________

（4）收集乙酸及水的总体积约为：____________

4. 结束反应

（1）反应停止的标志及温度记录：______________。

（2）正确拆卸反应装置，并收集粗产品用于下一步精制。

（二）乙酰苯胺精制阶段

（1）溶解：粗产品的质量为______g，根据乙酰苯胺在水中的溶解度，最初将粗产品放入盛有______mL热水的烧杯中，加热至沸腾。待全部溶解后，补加______mL热水。

（2）脱色：在______（加热/冷却）状态下，向烧杯中加入______g粉末状活性炭，用玻璃棒搅动并煮沸____min。

（3）趁热过滤：趁热用恒温漏斗过滤，原因是______________。

（4）冷却析出：在室温下自然冷却，______在冰水浴中冷却（能/不能），原因是______________。

（5）抽滤：减压过滤，尽量挤压以除去晶体中的水分。

（6）干燥：产品放在红外灯下烘干。精制所得产品质量：______g（精确到0.01g）。

五、数据处理与质量评价

（一）使用红外光谱仪对产品进行光谱分析

根据光谱图对乙酰苯胺的光谱中的峰进行归属，并进行纯度判断。

（二）产品收率计算

1. 根据公式进行计算（保留3位有效数字）

$$收率=\frac{精制产品质量}{理论产量}\times 100\%$$

2. 结果分析与评价

以下几方面是否影响了你的实验收率，请进行自我评价分析。

□苯胺使用前没有蒸馏

□反应初始未微沸，直接加热到105℃左右

□控温失败，导致反应不完全
□重结晶未充分冷却到室温
□真空过滤时固体损失
□冰乙酸加入量不足
□反应物粘在瓶壁上未做处理
□产品收集时有损耗或撒落
□其他____________

乙酰苯胺的制备与质量评价考核评分表

实验内容	考核指标	参考配分	实际操作情况	得分
实验准备（10 分）	原料处理规范、合格	3		
	物料核算正确	4		
	全过程无破碎玻璃器皿	1		
	全过程穿戴个人防护用品	1		
	在专用容器中处理废物	1		
合成阶段（27 分）	仪器选择正确	3		
	原料用量正确	3		
	加热过程正确（先微沸后升温）	3		
	控温在适宜范围内（105℃左右）	3		
	装置温度计位置正确	3		
	反应前先通冷水后加热，反应结束时顺序相反	3		
	反应终点判断正确（温度上下波动）	3		
	反应结束后趁热将反应物倒入冰水中，有固体析出	3		
	抽滤时用冷水洗涤，用量合理	3		
精制阶段（21 分）	根据溶解度，正确判断水的用量	3		
	在冷却状态下加入活性炭	3		
	脱色时间不低于 5min，脱色效果明显	3		
	脱色后趁热过滤	3		
	在室温下冷却结晶	3		
	抽滤操作规范（抽滤后先拔管再关泵）	3		
	干燥温度不高于 60℃	3		
数据记录（5 分）	及时正确记录数据，不缺项，不准随意随地记录，错一次扣 1 分	5		
数据处理（21 分）	能正确制备待测样品	4		
	对峰归属正确	3		
	根据谱图对样品纯度定性判断	2		
	收率计算正确（按规定保留有效数字）	3		
	70%≤收率，得满分；按等级赋分，每降低 2 个百分点减 1 分，减完为止	9		

续表

实验内容	考核指标	参考配分	实际操作情况	得分
报告书写（10分）	报告结构完整	2		
	数据完整清晰	2		
	原理要点正确	2		
	HSE 正确	2		
	结果评价合理	2		
文明操作（6分）	废液、废固和废弃物及时处理	2		
	桌面保持干净	2		
	器皿摆放规范	2		

实验 9　叔丁基氯的制备与质量评价

【实验目标】

（1）掌握由醇制备氯化物的原理和操作技术。

（2）熟悉水浴蒸馏、分液和干燥等基本操作。

（3）制备一定质量的叔丁基氯，完成一份工作报告。

【制备意义】

叔丁基氯是非常重要的有机化学试剂，化学式为 C_4H_9Cl，为无色透明液体，微溶于水，易溶于乙醇、乙醚等多数有机溶剂。在有机合成中，叔丁基氯可作为烷基化试剂，用于引入叔丁基基团，生成需要的烷基化合物。在医药领域中，叔丁基氯可以用于合成药物原料或中间体；其与氨基酸、糖类、脂肪等物质反应的产物，常用于合成抗生素、抗肿瘤药物等治疗药物。在日常生活中，叔丁基氯可以用作清洁剂、漂白剂，还可以用来消毒水源、消毒器具等，确保饮用水和日常用水的卫生安全。

思考：根据所学理论知识，说明叔丁基氯为什么可用作烷基化试剂？

【实验原理】

$$(CH_3)_3C-OH \xrightarrow{HCl（浓）} (CH_3)_3C-Cl + H_2O$$

叔丁醇可与浓盐酸反应制备叔丁基氯。反应副产物较少，产品纯度可通过测定折射率进行定性判断。反应相关物料的物性常数见表 3-10。

表 3-10　物料的物性常数表

药品名称	分子量	相对密度	沸点/℃	折射率 n_D^{20}	水溶解度/(g/100mL)
浓盐酸（36%～38%）	36.5	1.179（12mol/L）	—	—	与水混溶
叔丁醇	74.12	0.775	82.4	1.3878	易溶于水
叔丁基氯	92.57	0.874	52	1.3856	难溶于水

思考：从试剂性质方面分析，本实验中存在哪些不利于环保与健康的因素？如何预防？

【仪器与试剂】

仪器及用具：水浴锅、圆底烧瓶、分液漏斗、蒸馏头、直形冷凝管、接收管、锥形瓶、温度计、烧杯、尾气吸收装置、阿贝折射仪等。

试剂：叔丁醇、浓盐酸（36%～38%）、5%碳酸氢钠溶液、饱和氯化钠溶液、无水氯化钙、1-氯丁烷、2-氯丁烷、2-氯-2-甲基丁烷（产品）、氯苯、5%氢氧化钠溶液、硝酸银、乙醇、硝酸等。

【操作步骤】

1. 物料计算及溶液配制

① 按产率70%合成15g叔丁基氯，计算所需的叔丁醇体积。

② 配制饱和氯化钠溶液和5%碳酸氢钠溶液各100mL，用于叔丁基氯粗产品的洗涤。

2. 叔丁基氯的合成

如图3-13所示安装反应装置。在反应烧瓶中，加入计算量的叔丁醇和适量浓盐酸，混合反应。用倒扣漏斗进行尾气吸收，防止尾气溢出，当无氯化氢溢出时，将尾气吸收装置撤掉。

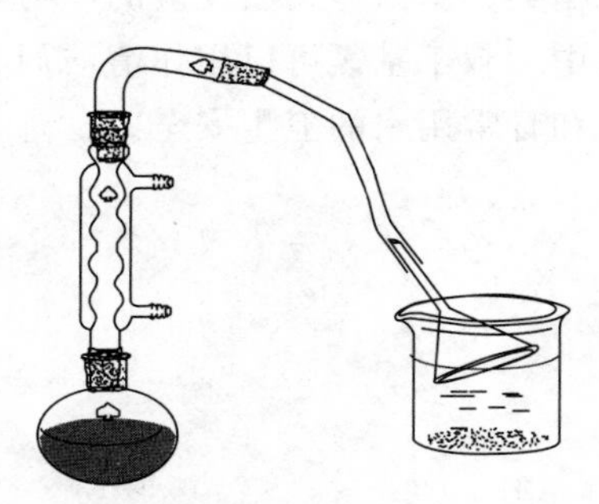

图3-13 带尾气吸收的反应装置

3. 叔丁基氯的分离纯化

(1) 分液 反应完成后进行分液，分去水层。

(2) 洗涤 有机层依次用水、5%碳酸氢钠溶液（过程中可能有CO_2产生，注意排气）、饱和氯化钠溶液洗涤。

(3) 干燥 有机层转入锥形瓶中，加适量无水氯化钙干燥不少于15min，每隔5min振摇锥形瓶1次。

(4) 蒸馏 干燥后的产品转入蒸馏烧瓶中，加入沸石，蒸馏提纯，收集50～53℃的馏分，称量并记录产品质量。

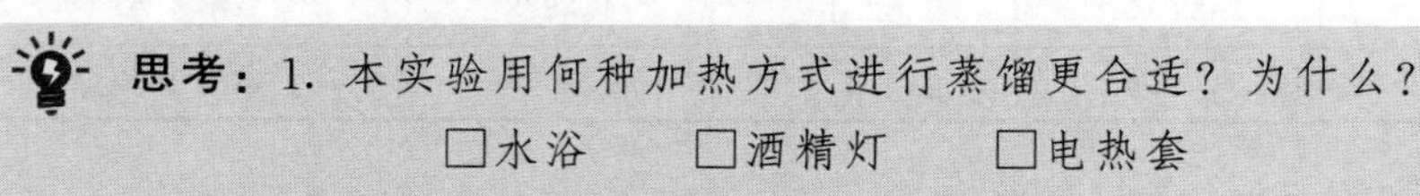

思考： 1. 本实验用何种加热方式进行蒸馏更合适？为什么？

□水浴 □酒精灯 □电热套

2. 接收瓶是否需要用冷水浴冷却？有何好处？

【质量评价】

1. 产品外观分析

纯的叔丁基氯为无色透明液体。

2. 计算收率并对结果进行分析、评价

$$收率=\frac{精制产品质量}{理论产量}\times 100\%$$

3. 折射率测定

取适量样品，用阿贝折射仪测定其折射率，按照阿贝折射仪使用方法，重复3次测量，求其平均值。

4. 产品性质分析

（1）与硝酸银的乙醇溶液反应　取3支干燥的试管，各加入1%的硝酸银乙醇溶液1mL，再分别加入3～5滴1-氯丁烷、2-氯丁烷、2-氯-2-甲基丁烷（产品），振荡试管，观察有无沉淀析出？如果5min后无沉淀析出，可进行水浴加热（80～90℃），再观察现象。根据实验结果，写出实验方程式，并分析不同结构卤代烃的反应活性。

（2）卤代烃的水解　取4支洁净的试管，分别加入10～15滴1-氯丁烷、2-氯丁烷、2-氯-2-甲基丁烷（产品）、氯苯，再各加入1～2mL 5%氢氧化钠溶液，振荡试管，静置后小心取水层数滴，加入5%硝酸酸化，然后加入2～3滴2%硝酸银溶液，观察有无沉淀析出。如果无沉淀生成，将试管放在水浴中小心加热后，再观察现象。根据实验结果，写出实验方程式，并分析不同结构卤代烃的反应活性。

【实验思考】

1. 本实验你是如何执行HSE管理的？
2. 洗涤粗产物时，如果碳酸氢钠溶液浓度过高、洗涤时间过长会产生哪些影响？
3. 本实验中未反应的叔丁醇是如何除去的？

叔丁基氯的制备与质量评价工作报告

一、健康、安全和环保要素分析与预防

（从所用试剂、玻璃仪器及用电设备、“三废”处理等方面分别分析，并写出预防措施）

二、物料核算过程及分析

（1）简述实验基本原理（用方程式表达）。

（2）查阅资料填写原料物理常数，核算与记录所需原料质量（精确到 0.01g）或体积。

原料	分子量	质量/g	体积/mL
盐酸			
叔丁醇			

计算过程：

三、实验仪器及装置

（1）根据物料核算数据，列出本实验用的玻璃仪器，并填写仪器规格。

序号	仪器	规格(个数)	备注(注意事项)

（2）利用所选玻璃仪器及配套设备搭建反应、提纯装置，并用铅笔绘制相关装置图。

四、实验操作及数据记录

（一）叔丁基氯合成阶段

1. 原料量取

量取所需的叔丁醇和盐酸体积并记录数据。

$V_{叔丁醇}$＝______；$V_{盐酸}$＝______。

2. 反应（简单描述投料过程与反应现象）

3. 结束反应

正确拆卸反应装置，并收集好粗产品用于下一步精制。

（二）叔丁基氯精制阶段

1. 溶液配制

配制饱和氯化钠溶液和5%碳酸氢钠溶液各100mL，用于叔丁基氯粗产品的洗涤。配制完成后转移到试剂瓶中，并贴上相应的试剂标签。

2. 精制

（1）分液　将合成的粗产品转移到分液漏斗中，分去水层。

（2）洗涤　有机层依次用____mL水，____mL 5%碳酸氢钠溶液和____mL饱和氯化钠溶液洗涤（注意放气）。用水洗涤的作用是________，用碳酸氢钠溶液洗涤的作用是________________，用饱和氯化钠溶液洗涤的作用是________________。

（3）干燥　将有机层转入锥形瓶中，加入____________，干燥____________min。干燥完成后，将产品过滤至蒸馏瓶中。

（4）蒸馏　搭建好蒸馏装置，加热进行蒸馏。按要求收集叔丁基氯馏分，记录精制叔丁基氯的产量。

① 馏分最低温度：____℃；馏分最高温度：____℃。

② 精制所得产品质量：____g（精确到0.01g）。

五、数据处理与质量评价

（一）产品外观记录

（二）产物纯度分析

测定产品的折射率（n_D^{20}）3次，求取平均值。根据结果对产品纯度进行定性判断。

实验次数	t/℃	n_D^t	n_D^{20}	平均值
1				
2				
3				

（三）产品性质分析

按照实验要求，分别叙述实验过程与步骤，正确描述实验现象，分析和说明实验原理，并分析、总结不同卤代烃的反应活性。

序号	实验内容	实验过程与步骤	实验现象	实验原理分析
1	与硝酸银的乙醇溶液反应			
2	卤代烃的水解			
结论				

（四）产品收率计算及结果分析

1. 根据公式进行计算（保留3位有效数字）

$$收率=\frac{实际产量}{理论产量}\times 100\%$$

2. 结果分析与评价

以下几方面是否影响了你的实验收率，请进行自我评价分析。

□叔丁醇与浓盐酸反应不够充分

□分液洗涤过程中，分液漏斗的活塞开关没控制好，造成漏液，损失部分产物

□干燥过程中，加入无水氯化钙过多，产品吸附在氯化钙上，造成损失

□产物转移过程中造成损失

□蒸馏过程中造成损失

□分液前，漏斗中液体未充分静置

□其他____________________

叔丁基氯的制备与质量评价考核评分表

实验内容	考核指标	参考配分	实际操作情况	得分
实验准备（6分）	试剂按照要求规范配制完成	2		
	试剂瓶贴标签	1		
	全过程无破碎玻璃器皿	1		
	全过程穿戴个人防护用品	1		
	在专用容器中处理废物	1		
合成阶段（18分）	物料加入量正确	3		
	在通风环境中取用浓盐酸	3		
	反应瓶规格合理	3		
	环保举措合理：安装气体吸收装置	3		
	尾气吸收装置漏斗半倒扣在碱液中	3		
	反应过程未出现碱液倒吸回反应瓶	3		

续表

实验内容	考核指标		参考配分	实际操作情况	得分
精制阶段（36 分）	洗涤顺序正确		3		
	洗涤剂用量合理		3		
	分液漏斗规范操作(及时放气)		3		
	干燥剂用量合理,干燥效果良好		3		
	干燥时间不少于 15min,溶液澄清		3		
	干燥方法正确(加盖瓶塞)		3		
	蒸馏装置中所用仪器干燥		3		
	蒸馏装置试漏、温度计水银球位置正确		3		
	水浴方式蒸馏		3		
	正确去掉前馏分		3		
	产物馏分收集正确(50～53℃)		3		
	接收瓶置于冷水或者冰水中		3		
数据记录（2 分）	及时正确记录数据,不缺项,不准随意随地记录,错一次扣 1 分		2		
数据处理（22 分）	折射率测定方法正确		2		
	折射率测定数值有效数字保留正确		2		
	折射率测定次数不少于 3 次		2		
	产品折射率（分档赋分）	1.3856±0.0001	6		
		1.3856±0.0002			
		1.3856±0.0003			
		1.3856±0.0004			
	理论产量计算正确		2		
	收率计算正确(按规定保留有效数字)		2		
	70%≤收率,得满分;按等级赋分。每减少 2 个百分点减一分,减完为止		6		
报告书写（10 分）	报告结构完整		2		
	数据完整清晰		2		
	原理要点正确		2		
	HSE 正确		2		
	结果评价合理		2		
文明操作（6 分）	废液、废固和废弃物及时处理		2		
	桌面保持干净		2		
	器皿摆放规范		2		

实验 10 水杨醛的制备与质量评价

【实验目标】

(1) 了解由苯酚制备水杨醛的原理。

(2) 掌握水蒸气蒸馏分离异构体的技术方法。

(3) 制备水杨醛并完成一份工作报告。

【制备意义】

水杨醛又称邻羟基苯甲醛，是一种用途极广泛的精细化工产品，广泛用于农药、医药、香料、螯合剂、染料中间体等的合成上。在农药方面，卤代水杨醛是制备除草剂、杀虫剂、杀菌剂和防腐剂等的重要原料；在医药方面，水杨醛可用于制备抗菌药以及作为生产外消旋垂体促进性腺激素药的中间体；在合成香精、香料方面，水杨醛可用于制备香豆素和配制紫罗兰酮等香料。除此之外，水杨醛可与多种金属形成螯合剂，广泛应用于石油工业，水杨醛的许多加成物可提高燃料油、汽油和石油的高温稳定性。

思考： 你还了解水杨醛有哪些理化性能？

【实验原理】

OH $\xrightarrow[\text{催化剂}]{CHCl_3,\ NaOH}$ [ONa, $CHCl_2$ + ONa, $CHCl_2$] $\xrightarrow{HCl}$ OH, CHO + OH, CHO

以苯酚和氯仿为原料，在 NaOH 的水溶液中发生 Reimer-Tiemann 反应，生成邻羟基苯甲醛（水杨醛）和少量的对羟基苯甲醛，两种异构体可以通过水蒸气蒸馏加以分离。反应相关物料的物性常数见表 3-11。

表 3-11 物料的物性常数表

药品名称	分子量	密度/(g/mL)	沸点/℃	熔点/℃	水溶解度/(g/100mL)
苯酚	94.11	1.071	181.4	43	6.7(冷水)，与热水可互溶
氯仿	119.38	1.48	61.2	—	不溶于水
水杨醛	122.12	1.17	197	—	微溶于水，能与水蒸气一同挥发
对羟基苯甲醛	122.12	—	—	117～119	微溶于水

思考：邻羟基苯甲醛和对羟基苯甲醛为什么可以通过水蒸气蒸馏进行分离？

【仪器与试剂】

仪器及用具：电热套、水浴装置、搅拌器、三口烧瓶、温度计、球形冷凝管、恒压滴液漏斗、水蒸气蒸馏装置、分液漏斗、布氏漏斗、抽滤瓶、锥形瓶等。

试剂：苯酚、氯仿、氢氧化钠、1∶1盐酸、浓硫酸、乙醚、亚硫酸氢钠、无水硫酸镁、亚硫酸、95%乙醇、乙醚、1% $FeCl_3$ 溶液、银氨溶液等。

【操作步骤】

1. 溶液配制

① 配制饱和亚硫酸氢钠溶液100mL（小组共用）；

② 配制3mol/L、6mol/L的硫酸溶液各50mL（小组共用）。

思考：浓硫酸浓度是多少？如何安全进行稀释操作？

2. 水杨醛的合成

在装有温度计、回流冷凝器和搅拌器的三口烧瓶中，加入40mL水，搅拌作用下慢慢加入40g氢氧化钠至完全溶解，再加入12.5g（0.133mol）苯酚溶于12.5mL水中的溶液。将烧瓶内温调至60～65℃，投料过程中不允许酚钠结晶析出。在充分搅拌作用下，将30g（20.3mL，0.25mol）氯仿分三次、间隔10min自冷凝器顶端加入，控制温度在65～70℃。加毕，反应瓶加热0.5h，以使反应完全。

3. 水杨醛的精制

（1）一次水蒸气蒸馏　蒸馏除去过量的氯仿，冷却烧瓶并用6mol/L硫酸酸化橙色残留物。

（2）二次水蒸气蒸馏　蒸馏上述残留物，直至无油状物馏出为止，剩余残留物用于离析对羟基苯甲醛。

（3）萃取　二次水蒸气蒸馏馏出液移入分液漏斗，分出油状物水杨醛，用15mL乙醚萃取水层。将粗水杨醛和萃取液合并，水浴蒸除溶剂乙醚。

（4）纯化　向上述残留物中加入约2倍体积的饱和亚硫酸氢钠溶液，振摇20min，静置20min。用布氏漏斗抽滤膏状物，依次用少量乙醇、少量乙醚洗涤，以除去苯酚。在微热下，用3mol/L硫酸分解水杨醛和亚硫酸氢钠形成的加合物。冷却，用乙醚萃取水杨醛，萃取液用无水硫酸镁进行干燥。将澄清溶液常压蒸馏，先除醚，后蒸馏残留物，收集195～197℃的馏分，得水杨醛，进行产品称量。

（5）异构体分离　将二次水蒸气蒸馏的残留物趁热过滤，以除去树脂状物。用乙醚萃取滤液，蒸去乙醚，将黄色固体用含有亚硫酸的水溶液重结晶，得异构体对羟基苯甲醛，进行副产品称量。

【质量评价】

1. 产品外观分析

邻羟基苯甲醛（水杨醛）为无色油状液体，对羟基苯甲醛为白色至淡黄色结晶。

2. 分别计算水杨醛和异构体的收率，对结果进行分析、评价

$$收率=\frac{实际产量}{理论产量}\times 100\%$$

 **思考：** 根据计算结果，尝试说明 Reimer-Tiemann 反应中羟基的邻对位效应。

3. 定性检测

（1）酚羟基的检验　在试管中加入少量产品，用适量乙醇溶解，再加入 1%$FeCl_3$ 水溶液 1～2 滴，溶液迅速变成紫色，说明有酚羟基的存在。

（2）醛基的检验

方法 1：在试管中加入少量产品，用适量乙醇溶解，再滴加饱和亚硫酸氢钠溶液，振荡试管，产生白色晶体，再滴加 1∶1 盐酸溶液，白色沉淀消失，溶液呈无色透明，这表明实验产物中存在醛基。

方法 2：在试管中加入少量产品，用适量乙醇溶解，再加入数滴银氨溶液，小心加热试管，在试管的内壁出现银镜现象，这表明实验产物中存在醛基。

 **思考：** 你还知道哪些鉴别醛基的方法？自行设计实验对产品进行检测。

【实验思考】

1. 水蒸气蒸馏适合哪些有机物分离的场景，在我们的生活中是否有类似的应用？

2. 列举制备芳香醛的几种重要反应，举例说明。

3. 本实验是如何分离邻羟基苯甲醛和对羟基苯甲醛的？这主要是利用了它们的哪种不同性质？

水杨醛的制备与质量评价工作报告

一、健康、安全和环保要素分析与预防

（1）原料安全使用。

物料	是否有毒性	操作规范	应急预案
苯酚			
氯仿			
盐酸			

（2）本实验是否还存在其他不利的因素？在实际操作过程中应如何预防？

二、基本原理

（1）简述实验基本原理（用方程式表达）。

（2）说明产品和异构体分离的方法和依据。

三、实验仪器及装置

（1）根据物料数据，选择合适的玻璃仪器，并填写仪器规格。

序号	仪器	规格（个数）	备注（注意事项）

（2）利用所选玻璃仪器及配套设备搭建反应、纯化装置，并用铅笔绘制相关装置图。

四、实验操作及数据记录

（一）水杨醛合成阶段

1. 称量

称量所需的苯酚和氯仿质量并记录在报告纸上（精确到 0.01g）。

$m_{苯酚}$ = ______；$m_{氯仿}$ = ______。

2. 投料

装置安装完成后，先加入氢氧化钠和水，再加入苯酚，由于苯酚熔点为 43℃，常温下容易凝固，事先溶在______ mL ______（冷水、热水）中。

3. 反应

反应控制措施	实施要求	实施结果记录	成功/失败
□氯仿滴加速度			
□反应液温度控制			

4. 结束反应

将反应装置改为水蒸气蒸馏装置，用于下一步粗产品精制。

（二）水杨醛精制阶段

1. 水蒸气蒸馏

第 1 次蒸馏的目的是________________，依据（参考下表）是________________。

共沸物	恒沸点	恒沸点组成	
氯仿＋水	56℃	氯仿 97％	水 3％

第 2 次蒸馏的目的是________________，结束的标志是________________。

2. 萃取

二次水蒸气蒸馏馏出液移入分液漏斗，分出油状物水杨醛，用____ mL 乙醚萃取水层。用______（水浴、电热套）加热蒸除溶剂乙醚。

3. 纯化

向残留物中加入______ mL 饱和亚硫酸氢钠溶液，振摇，静置。然后依次抽滤、洗涤。在微热下，用 3mol/L 硫酸分解加合物。冷却，用乙醚萃取水杨醛，萃取液用____________进行干燥。将澄清溶液常压蒸馏，先除醚，后蒸馏残留物。

收集馏分温度区间：____________，产品质量：____________________ g。

4. 异构体分离

将二次水蒸气蒸馏的残留物趁热过滤，以除去树脂状物。用乙醚萃取滤液，蒸去乙醚，将黄色固体用含有亚硫酸的水溶液重结晶。

① 简单描述重结晶的操作过程：

____

____

② 异构体质量：____________ g。

五、数据处理与质量评价

1. 产品外观记录

2. 收率计算

分别计算水杨醛和异构体的收率。根据计算结果，简单说明 Reimer-Tiemann 反应中羟基的邻对位效应。

$$收率=\frac{实际产量}{理论产量}\times 100\%$$

3. 定性检测

分别描述产品中羟基、醛基官能团鉴定的过程与现象，并写出实验原理。

4. 结果分析与评价

以下几方面是否影响了你的实验收率，请进行自我评价分析。

□装置接口松动，蒸馏时产品损失

□控温失败，导致副产品生成过多

□反应过程中有苯酚钠固体析出

□萃取次数过少

□分液时未充分静置

□产品干燥时使用干燥剂无水硫酸镁过多

□粗产品蒸馏时馏分收集区间不符合要求

□其他____________________

水杨醛的制备与质量评价考核评分表

实验内容	考核指标	参考配分	实际操作情况	得分
实验准备（8 分）	仪器设备核查	2		
	全过程无破碎玻璃器皿	2		
	全过程穿戴个人防护用品	2		
	在专用容器中处理废物	2		

续表

实验内容	考核指标	参考配分	实际操作情况	得分
合成阶段（18分）	反应装置搭建正确、美观	3		
	苯酚事先溶解后加入反应瓶	3		
	无苯酚钠结晶析出	3		
	氯仿放置在恒压滴液漏斗中	3		
	氯仿分批次加入，滴加速度合适（1～2滴/s）	3		
	反应液充分搅拌，温度控制在65～70℃	3		
精制阶段（27分）	水蒸气蒸馏装置搭建正确	3		
	水蒸气蒸馏终点判断正确	3		
	水浴加热蒸出萃取剂乙醚	3		
	加入饱和亚硫酸氢钠溶液后不断振摇，不少于20min	3		
	减压抽滤操作正确	3		
	干燥剂用量适宜	3		
	干燥效果较好	3		
	馏分收集正确（195～197℃）	3		
	异构体重结晶操作正确	3		
数据记录（3分）	及时正确记录数据，不缺项，不准随意随地记录，每错一次扣1分	3		
数据处理（14分）	产品外观：无色液体	3		
	产品收率计算正确	3		
	异构体收率计算正确	3		
	产品产率（20%～40%）等级赋分	5		
性质鉴定（12分）	性质鉴定实验操作规范	4		
	实验现象明显	4		
	实验原理（方程式）表达正确	4		
报告书写（10分）	报告结构完整	2		
	数据完整清晰	2		
	原理要点正确	2		
	HSE正确	2		
	结果评价合理	2		
文明操作（8分）	废液、废固和废弃物及时处理	2		
	小组间团队合作	2		
	桌面保持干净	2		
	器皿摆放规范	2		

实验 11　从茶叶中提取咖啡因

【实验目标】

（1）了解咖啡因提取的原理和基本方法。

（2）掌握升华、连续萃取、重结晶等基本操作。

（3）从茶叶中提取咖啡因并完成一份工作报告。

【制备意义】

咖啡因是茶叶、咖啡豆、可可等植物中的主要生物碱，具有较强兴奋中枢系统的作用而广泛用于医药、食品、化妆品等领域。咖啡因具有一定的健康价值，其主要体现在可以有效抵抗威胁人们身体健康的自由基和保护心脏血管。咖啡因可由人工合成和天然提取，由人工合成的咖啡因含有原料残留，长期使用会产生残毒作用，所以提倡天然提取。我国是产茶大国，资源丰富，可利用废茶叶和低档茶提取天然咖啡因，对生活、生产具有重要意义。

【实验原理】

茶叶中含有多种生物碱，其中咖啡因含量为 1%～5%，其化学名称是 1,3,7-三甲基-2,6-二氧嘌呤，是弱碱性化合物，其结构式如下：

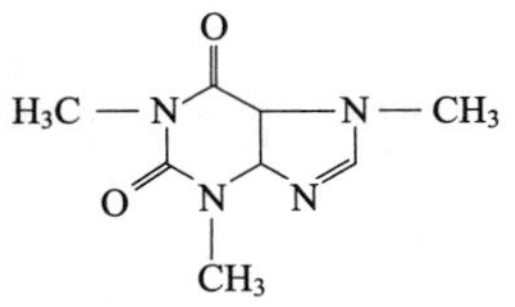

含结晶水的咖啡因为白色针状结晶，易溶于氯仿、乙醇、丙酮等。在 100℃时开始失去结晶水升华，170℃以上升华速度显著加快。无水咖啡因熔点是 238℃。

本实验从茶叶中提取咖啡因，是用适当的溶剂（95%乙醇），在索氏提取器中连续提取，然后浓缩后得到粗制咖啡因，粗咖啡因中存在的其他生物碱和杂质可通过升华进一步提纯。

思考： 若用氯仿作为提取剂，可能存在哪些不利因素？如何预防？

【仪器与试剂】

仪器及用具：电热套，索氏提取器，回流冷凝管，圆底烧瓶，量筒，蒸馏烧瓶，温度计，蒸馏头，直形冷凝管，接引管，锥形瓶，酒精灯，三脚铁架，蒸发皿，刮刀，玻璃漏斗等。

试剂：干茶叶或茶叶末，95%乙醇，无水氧化钙，5%鞣酸，10%盐酸，碘-碘化钾试剂，氯酸钾，浓氨水等。

【操作步骤】

1. 粗提

(1) 回流萃取　如图 3-14 所示安装回流萃取装置。称取茶叶 10g，研细后放入索氏提取器的滤纸套筒中，在圆底烧瓶中加入适量 95% 乙醇和几粒沸石，接通冷凝水，用电热套加热。连续萃取时间 2h 左右，当萃取液颜色较浅时，待冷凝液刚刚虹吸完成后，立即停止加热。

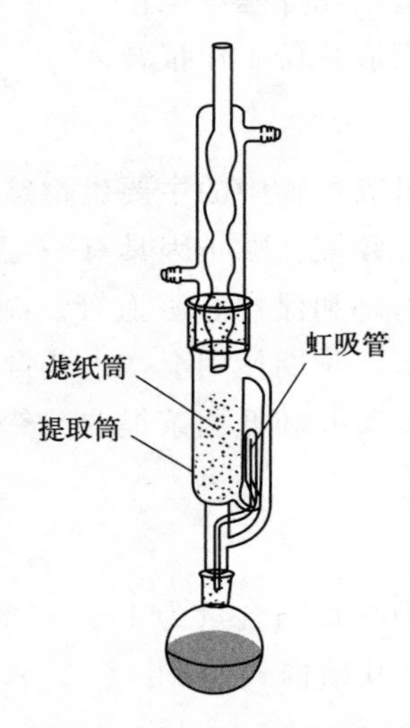

图 3-14　索氏提取器回流萃取装置示意图

(2) 蒸馏浓缩　把装置改为蒸馏装置，将提取液转入蒸馏烧瓶中蒸馏，回收提取液中的大部分乙醇。

2. 纯化

(1) 中和　趁热将残余液体倾入蒸发皿中，用少量回收的乙醇将烧瓶洗涤 1～2 次，再将洗涤液倒入蒸发皿中。加入 3～4g 研细的无水氧化钙，使成糊状。边搅拌边加热蒸干，并压碎块状物。

(2) 焙炒　将蒸发皿放在石棉网上，用小火加热片刻，除尽水分。炒至变为墨绿色粒状物后，将其碾成粉末。冷却后，擦去沾在蒸发皿边上的粉末，以免在升华时污染产物。

(3) 升华　用滤纸罩在蒸发皿上，并在滤纸上扎一些小孔，孔刺向上，再在滤纸上罩上口径合适的玻璃漏斗（图 3-15）。漏斗颈部塞一小团棉花，用电热套小心加热升华。当滤纸上出现白色毛状结晶时，放慢升华速度，当温度达到 230℃ 或发现有棕色烟雾时，升华完成，停止加热。自然冷却后小心取下漏斗，揭开滤纸，用刮刀将纸上和器皿周围的咖啡因刮下。残渣经拌和后再次升华，合并两次升华的咖啡因，称量并测定熔点。

【质量评价】

1. 产物外观分析

咖啡因为白色针状结晶。

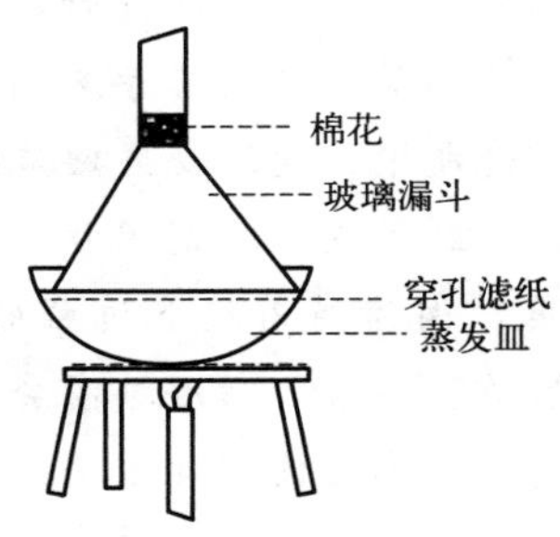

图 3-15 从茶叶中提取咖啡因-升华装置示意图

2. 计算茶叶中咖啡因含量

$$含量=\frac{精制产品质量}{茶叶质量}\times 100\%$$

3. 定性检验（鉴定）

（1）与生物碱试剂作用 取少量所得产品于小试管中，加适量水微热，使固体溶解。溶解液分装于 2 支试管中，一支加入 1～2 滴 5%鞣酸溶液，记录现象。另一支加 1～2 滴 10%盐酸，再加入 1～2 滴碘-碘化钾试剂，记录现象。

（2）氧化 取少量所得产品于试管中，加入 1～2mL 盐酸溶解，加入 0.1g $KClO_3$，置于通风橱中加热蒸干，记录残渣颜色。冷却后，再加数滴浓氨水于残渣上，观察并记录颜色有何变化。

4. 熔点测定

取少量所得产品进行熔点测定，并根据测定结果对产品纯度进行定性判断。

【实验思考】

1. 索氏提取器的原理是什么？与直接用溶剂回流提取比有何优点？

2. 实验过程中加入无水氧化钙的作用是什么？

3. 采用升华法对物质进行分离提纯需要什么条件？升华过程中，为什么必须严格控制温度？

【拓展与延伸】连续萃取-索氏提取器

液-固萃取是利用溶剂对固体混合物中所需成分的溶解度大，对杂质的溶解度小来达到提取分离的目的。一种方法是把固体物质放于溶剂中长期浸泡而达到萃取的目的，但是这种方法时间长，消耗溶剂，萃取效率也不高。另一种方法是采用索氏提取器（索氏提取器又称脂肪抽取器或脂肪抽出器），其工作原理是利用溶剂回流与虹吸原理，使固体物质每次都能被纯的溶剂所萃取，提高萃取效率，即：

蒸发—冷凝—萃取
循环

索氏提取器是由提取瓶、提取管、冷凝管三部分组成，提取管两侧分别有虹吸管和连接管。各部分连接处要严密不能漏气。提取时，将待测样品包在脱脂滤纸包内，放入提取管内。提取管内加入萃取液，加热提取瓶，溶剂沸腾时，其蒸气通过侧管上升，被冷凝管冷凝成液体，滴入套筒中，浸润固体物质，使之溶于溶剂中，当套筒内溶剂液面超过虹吸管的最高处时，即发生虹吸，流入烧瓶中。通过反复回流和虹吸，从而将固体物质富集在烧瓶中。实际上是进行多次萃取，达到了减少溶剂用量、降低成本的目的。

在提取过程中应注意调节温度，因为随着提取过程的进行，蒸馏瓶内的液体不断减少，当从固体物质中提取出来的溶质较多时，温度过高会使溶质在器壁上结垢或炭化。当物质受热易分解和萃取剂沸点较高时，不宜使用此方法。

从茶叶中提取咖啡因工作报告

一、健康、安全和环保要素分析与预防

（从所用试剂、玻璃仪器及用电设备、“三废”处理等方面分别分析，并写出预防措施）

二、基本原理

三、实验仪器及装置

（1）根据物料数据，列出本实验用的玻璃仪器，并填写仪器规格。

序号	仪器	规格(个数)	备注(注意事项)

（2）利用所选玻璃仪器及配套设备搭建提取、纯化装置，并用铅笔绘制相关装置图。

四、实验操作及数据记录

（一）咖啡因粗提阶段

（1）称量：称量茶叶质量并记录在报告纸上（精确到 0.1g）。

$m_{茶叶}=$______。

（2）描述咖啡因的粗提过程及现象：____

____

____

（二）咖啡因纯化阶段

1. 中和

残余液体倾入蒸发皿中，加入____g无水氧化钙，目的是________________________。

2. 焙炒

蒸发皿放在石棉网上加热的目的是____，现象是________________________。

3. 升华

（1）升华操作是本实验成败的关键。在反应过程中，控温是关键步骤。

升华	实施过程	温度变化记录	成功/失败
初次升华			
二次升华			

（2）升华完毕的标志：____________________________。

（3）所得产品质量：________mg。

五、质量评价

（一）产品外观记录

（二）茶叶中咖啡因含量计算

$$含量=\frac{精制产品质量}{茶叶质量}\times 100\%$$

（三）定性实验

（1）与生物碱试剂反应过程与现象：

（2）与氧化剂反应过程与现象：

（四）熔点测定

取少量所得产品进行熔点测定，并根据测定结果对产品纯度进行定性判断。

试样名称	测定次数	测定值/℃	
		初熔	全熔
	1		
	2		
	3		

从茶叶中提取咖啡因考核评分表

实验内容	考核指标	参考配分	实际操作情况	得分
实验准备（8分）	仪器设备核查	2		
	全过程无破碎玻璃器皿	2		
	全过程穿戴个人防护用品	2		
	在专用容器中处理废物	2		
粗提阶段（27分）	提取装置搭建正确	3		
	滤纸套高度未超过虹吸管	3		
	茶叶末没有掉出滤纸套筒	3		
	纸套上面折成凹形	3		
	萃取液颜色较浅时停止虹吸	3		
	蒸馏装置搭建正确	3		
	蒸馏启动时先开冷凝水后加热	3		
	蒸馏完成后先停加热后停冷凝水	3		
	瓶中乙醇不可蒸得太干(剩5～10mL)	3		
纯化阶段（21分）	蒸发皿中的样品要铺放均匀	3		
	棉花塞住漏斗颈	3		
	加入生石灰量合理(3～4g)	3		
	焙烧过程要充分炒干	3		
	酒精灯的火焰尖刚好接触石棉网	3		
	完成两次升华	3		
	产品是白色结晶状态	3		
定性试验（18分）	性质鉴定实验操作规范	6		
	实验现象明显	4		
	熔点测定方法正确	5		
	熔点测定次数正确(测定3次)	3		
数据记录（2分）	及时正确记录数据，不缺项，不准随意随地记录，每错一次扣1分	2		
数据处理（6分）	产品称量正确(精确到0.1g)	3		
	含量计算正确(按规定保留有效数字)	3		
报告书写（12分）	报告结构完整	3		
	数据完整清晰	3		

续表

实验内容	考核指标	参考配分	实际操作情况	得分
报告书写（12分）	原理要点正确	3		
	HSE正确	3		
文明操作（6分）	废液、废固和废弃物及时处理	2		
	桌面保持干净	2		
	器皿摆放规范	2		

实验 12　从橙子皮中提取柠檬烯

【实验目标】

（1）了解柠檬烯提取的原理和基本方法。

（2）能够掌握水蒸气蒸馏等基本操作。

（3）从橙子皮中提取柠檬烯并完成一份工作报告。

【制备意义】

柠檬烯，有类似柠檬的香味，在生活、生产中用途广泛。在医学方面，具有良好的镇咳、祛痰、抑菌作用，复方柠檬烯在临床上可用于利胆、溶石、促进消化液分泌和排除肠内积气；在食品、精细化学品生产方面，柠檬烯可用作添加剂，可用作配制人造橙花、甜花、柠檬、香柠檬油的原料，也可作为一种新鲜的头香香料用于化妆、皂用及日用化学品香精。

思考：你知道柠檬烯的结构吗？它存在于哪些天然物质中？

【实验原理】

柠檬烯是一种单萜类环状化合物，易溶于二氯甲烷等有机溶剂，其结构是：

CH_3

H_3C　　CH_2

本实验从橙皮提取柠檬烯，先将橙皮进行水蒸气蒸馏，再用二氯甲烷萃取馏出液，馏出液脱溶后留下的残液为橙油，其主要成分是柠檬烯。用气相色谱法测定橙油中柠檬烯的含量。反应相关物料的物性常数见表 3-12。

表 3-12　物料的物性常数表

名称	分子量	性状	折射率	沸点/℃	溶解度/(g/100mL 溶剂)		
					水	醇	醚
二氯甲烷	84.94	无色液体	1.4244	39.8	微溶	∞	∞
柠檬烯	136.24	橙黄色液体	1.4727	176	不溶	∞	∞

【仪器与试剂】

仪器及用具：水蒸气蒸馏装置 1 套、蒸馏装置 1 套、分液漏斗、锥形瓶、水泵、水浴锅、点滴板、气相色谱仪等。

试剂：橙子皮、二氯甲烷、无水硫酸钠、香草醛、硫酸、1%高锰酸钾等。

【操作步骤】

1. 粗提

安装水蒸气蒸馏装置（图 2-7），将 2～3 块新鲜橙皮剪成碎片，称重（精确到 0.1g）

后投入 100mL 三颈圆底烧瓶中。松开弹簧夹，加热水蒸气发生装置至水沸腾，三通管的支管口有大量水蒸气冒出时夹紧弹簧夹，通入冷凝水，开始进行水蒸气蒸馏，收集馏出液 60～70mL 时，可看到柠檬烯层漂浮在接收瓶水面上。

2. 精制

将馏出液加入分液漏斗中，用 15mL 二氯甲烷进行萃取，重复 3 次。合并萃取液，置于干燥的锥形瓶中，加入无水硫酸钠干燥。将干燥后的溶液倾倒入蒸馏瓶中，加几粒沸石，水浴加热蒸馏除去二氯甲烷，当二氯甲烷基本蒸完后，改用水泵减压蒸馏以除去残留的二氯甲烷，即得橙油，称重。

思考：水蒸气蒸馏过程中是否存在安全问题？如有，请写出预防措施。

【质量评价】

1. 产物外观分析

橙油为橙黄色液体。

2. 定性检验（鉴定）

① 取产品 1～2 滴于白色点滴板，加 3～5 滴硫酸及少量香草醛结晶，即显橙红色，加水 1～2 滴后即显紫色。

② 取产品 3～5 滴于白色点滴板，加 1 滴 1%的酸性高锰酸钾，观察颜色变化。

3. 纯度分析

选择合适的方法，用气相色谱法测定产品橙油中柠檬烯的含量。上海精科实业有限公司 GC112A 型色谱仪色谱条件参考表 3-13。

表 3-13 GC112A 型色谱仪色谱条件

项目	色谱条件
检测器	热导池检测器
色谱柱	ϕ3mm×3m
固定液	SE-30,5%
柱温	101℃
气化温度	185℃
载气	氢气
进样量	0.5～1μL

4. 计算橙皮中柠檬烯含量

$$含量=\frac{精制产品质量\times纯度}{橙皮质量}\times100\%$$

【实验思考】

1. 水蒸气蒸馏用于分离和纯化有机物时，被提纯物质应该具备什么条件？
2. 本实验你是用内标法还是外标法测定柠檬烯含量的？是如何进行测定的？

从橙子皮中提取柠檬烯工作报告

一、健康、安全和环保要素分析与预防

（从所用试剂、玻璃仪器及用电设备、“三废”处理等方面分别分析，并写出预防措施）

二、基本原理

三、实验仪器及装置

（1）根据物料数据，列出本实验用的玻璃仪器，并填写仪器规格。

序号	仪器	规格（个数）	备注（注意事项）

（2）利用所选玻璃仪器及配套设备搭建提取装置，并用铅笔绘制装置图。

四、实验操作及数据记录

（一）柠檬烯粗提阶段

1. 描述水蒸气蒸馏提取柠檬烯的步骤，对操作过程进行排序

（1）打开冷凝水；（2）水蒸气发生器加热至沸腾；（3）水蒸气发生器加入适量水；

(4) 松开弹簧夹 D;(5) 关闭弹簧夹;(6) 停止加热

你的操作顺序是:＿＿＿＿＿＿＿＿＿＿

2. 现象描述

(1) 蒸馏过程中馏出液的状态是:＿＿＿＿＿＿＿＿＿＿

(2) 蒸馏完毕的标志(现象)是:＿＿＿＿＿＿＿＿＿＿

3. 数据记录

馏出液体积:＿＿＿＿＿＿＿＿ mL。

(二) 柠檬烯精制阶段

(1) 萃取:萃取剂及用量＿＿＿＿＿＿＿＿

(2) 干燥:干燥剂用量＿＿＿＿＿＿＿＿干燥时间＿＿＿＿＿＿＿＿

(3) 蒸馏:水浴蒸馏蒸出溶剂,得橙油＿＿＿＿＿＿＿＿ g。

五、质量评价

(一) 产品外观记录

(二) 定性实验

描述柠檬烯的鉴定过程及现象:

＿＿＿＿＿＿＿＿＿＿＿＿＿＿＿＿＿＿＿＿＿＿＿＿＿＿＿＿＿＿

＿＿＿＿＿＿＿＿＿＿＿＿＿＿＿＿＿＿＿＿＿＿＿＿＿＿＿＿＿＿

(三) 纯度测定

(1) 气相色谱测定方法:＿＿＿＿＿＿＿＿＿＿＿＿＿＿＿＿＿＿＿＿

(2) 简单描述测定过程:＿＿＿＿＿＿＿＿＿＿＿＿＿＿＿＿＿＿＿＿

＿＿＿＿＿＿＿＿＿＿＿＿＿＿＿＿＿＿＿＿＿＿＿＿＿＿＿＿＿＿

(3) 测定结果:＿＿＿＿＿＿＿＿＿＿＿＿＿＿＿＿＿＿＿＿＿＿

(四) 计算橙皮中柠檬烯含量

$$含量=\frac{精制产品质量\times纯度}{橙皮质量}\times100\%$$

从橙子皮中提取柠檬烯考核评分表

实验内容	考核指标	参考配分	实际操作情况	得分
实验准备(4分)	仪器设备核查	1		
	全过程无破碎玻璃器皿	1		
	全过程穿戴个人防护用品	1		
	在专用容器中处理废物	1		

续表

<table>
<tr><th>实验内容</th><th colspan="2">考核指标</th><th>参考配分</th><th>实际操作情况</th><th>得分</th></tr>
<tr><td rowspan="12">粗提阶段
（36 分）</td><td colspan="2">整个装置安装在一个平面上</td><td>3</td><td></td><td></td></tr>
<tr><td colspan="2">整个装置接口处无松动</td><td>3</td><td></td><td></td></tr>
<tr><td colspan="2">水蒸气发生器中水量 3/4 左右</td><td>3</td><td></td><td></td></tr>
<tr><td colspan="2">蒸馏前螺旋夹处于开启状态</td><td>3</td><td></td><td></td></tr>
<tr><td colspan="2">有蒸汽从发生器冲出时关闭螺旋夹</td><td>3</td><td></td><td></td></tr>
<tr><td colspan="2">冷凝管中无固体堵塞管道</td><td>3</td><td></td><td></td></tr>
<tr><td colspan="2">蒸馏速度 2～3 滴/s</td><td>3</td><td></td><td></td></tr>
<tr><td colspan="2">蒸馏液澄清透明时停止蒸馏</td><td>3</td><td></td><td></td></tr>
<tr><td colspan="2">停止蒸馏前先打开螺旋夹通大气</td><td>3</td><td></td><td></td></tr>
<tr><td colspan="2">蒸馏瓶液体是否倒吸至水蒸气发生器</td><td>3</td><td></td><td></td></tr>
<tr><td colspan="2">拆卸装置顺序正确</td><td>3</td><td></td><td></td></tr>
<tr><td colspan="2">瓶中乙醇不可蒸得太干（剩 5～10mL）</td><td>3</td><td></td><td></td></tr>
<tr><td rowspan="8">纯化阶段
（24 分）</td><td colspan="2">萃取剂用量合适</td><td>3</td><td></td><td></td></tr>
<tr><td colspan="2">萃取次数正确</td><td>3</td><td></td><td></td></tr>
<tr><td colspan="2">有机层判断正确（二氯甲烷在下层）</td><td>3</td><td></td><td></td></tr>
<tr><td colspan="2">干燥剂用量适宜</td><td>3</td><td></td><td></td></tr>
<tr><td colspan="2">干燥效果好</td><td>3</td><td></td><td></td></tr>
<tr><td colspan="2">蒸馏装置搭建正确</td><td>3</td><td></td><td></td></tr>
<tr><td colspan="2">水泵减压蒸馏完毕后先拔管再关泵，无倒吸</td><td>3</td><td></td><td></td></tr>
<tr><td colspan="2">产品外观正确（橙色油状）</td><td>3</td><td></td><td></td></tr>
<tr><td rowspan="8">定性、定量试验
（16 分）</td><td colspan="2">性质鉴定实验操作规范</td><td>2</td><td></td><td></td></tr>
<tr><td colspan="2">实验现象明显</td><td>2</td><td></td><td></td></tr>
<tr><td colspan="2">色谱方法选择合理</td><td>2</td><td></td><td></td></tr>
<tr><td rowspan="5">纯度指标
（分档赋分）</td><td>90％＜含量≤100％</td><td rowspan="5">10</td><td></td><td></td></tr>
<tr><td>80％＜含量≤90％</td><td></td><td></td></tr>
<tr><td>70％＜含量≤80％</td><td></td><td></td></tr>
<tr><td>60％≤含量≤70％</td><td></td><td></td></tr>
<tr><td>含量＜60％</td><td></td><td></td></tr>
<tr><td>数据记录
（2 分）</td><td colspan="2">及时正确记录数据，不缺项，不准随意随地记录，每错一次扣 1 分</td><td>2</td><td></td><td></td></tr>
<tr><td rowspan="2">数据处理
（4 分）</td><td colspan="2">产品称量正确（精确到 0.1g）</td><td>2</td><td></td><td></td></tr>
<tr><td colspan="2">含量计算正确（按规定保留有效数字）</td><td>2</td><td></td><td></td></tr>
</table>

续表

实验内容	考核指标	参考配分	实际操作情况	得分
报告书写（8分）	报告结构完整	2		
	数据完整清晰	2		
	原理要点正确	2		
	HSE正确	2		
文明操作（6分）	废液、废固和废弃物及时处理	2		
	桌面保持干净	2		
	器皿摆放规范	2		

附录

附录1　常见元素的原子量

原子序数	元素名称		原子量	原子序数	元素名称		原子量
1	氢	H	1.0079	23	钒	V	50.9415
2	氦	He	4.0026	24	铬	Cr	51.9961
3	锂	Li	6.941	25	锰	Mn	54.9380
4	铍	Be	9.0121	26	铁	Fe	55.847
5	硼	B	10.811	27	钴	Co	58.9332
6	碳	C	12.011	28	镍	Ni	58.69
7	氮	N	14.0067	29	铜	Cu	63.546
8	氧	O	15.9994	30	锌	Zn	65.39
9	氟	F	18.9984	33	砷	As	74.9216
10	氖	Ne	20.179	34	硒	Se	78.96
11	钠	Na	22.9897	35	溴	Br	79.904
12	镁	Mg	24.305	46	钯	Pd	106.42
13	铝	Al	26.9815	47	银	Ag	107.8682
14	硅	Si	28.0855	50	锡	Sn	118.710
15	磷	P	30.9737	53	碘	I	126.9045
16	硫	S	32.066	78	铂	Pt	195.08
17	氯	Cl	35.453	79	金	Au	196.9668
18	氩	Ar	39.948	80	汞	Hg	200.59
19	钾	K	39.0983	82	铅	Pb	207.2
20	钙	Ca	40.078				

附录 2 常用有机溶剂的沸点、相对密度表

名称	沸点/℃	相对密度(d_4^{20})	名称	沸点/℃	相对密度(d_4^{20})
甲醇	64.96	0.7914	正丁醇	117.2	0.8098
乙醇	78.5	0.7893	二氯甲烷	40.0	1.3266
乙醚	34.6	0.7138	甲酸甲酯	31.5	0.9742
丙酮	56.2	0.7899	1,2-二氯乙烷	83.5	1.2351
二硫化碳	46.25	1.2632	甲苯	110.6	0.8669
乙酸	117.9	1.0492	硝基乙烷	115.0	1.0448
乙酐	139.5	1.0820	四氯化碳	76.5	1.5940
二氧六环	101.7	1.0337	氯仿	61.7	1.4832

附录 3 常见有机物与水的二元共沸物

溶剂	沸点/℃	共沸点/℃	含水量/%	溶剂	沸点/℃	共沸点/℃	含水量/%
氯仿	61.2	56.1	2.5	甲苯	110.5	84.1	13.5
四氯化碳	77	66	4	二甲苯	140	92	35
苯	80.4	69.2	8.8	正丙醇	97.2	87.7	28.8
丙烯腈	78.0	70.0	13.0	异丙醇	82.4	80.4	12.1
二氯乙烷	83.7	72.0	19.5	正丁醇	117.7	92.2	37.5
乙腈	82.0	76.0	16.0	异丁醇	108.4	89.9	88.2
乙醇	78.3	78.1	4.4	正戊醇	138.3	95.4	44.7
吡啶	115.1	92.5	40.6	异戊醇	131.0	95.1	49.6
乙酸乙酯	77.1	70.4	6.1	氯乙醇	129.0	97.8	59.0

附录 4 有机实验常用玻璃仪器

序号	仪器图示与名称	规格	用途
1	圆底烧瓶 茄形烧瓶	25mL 50mL 100mL 250mL 500mL	可用作接收瓶、反应瓶

续表

序号	仪器图示与名称	规格	用途
2	 二口、三口烧瓶	100mL 250mL 500mL	用作反应瓶，不同的口可以安装温度计、冷凝管、滴液漏斗、搅拌器等
3	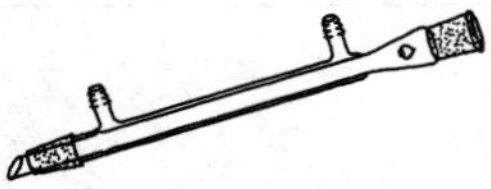 直形冷凝管	19# ×2	可用于蒸馏，一般产物沸点低于 140℃的蒸馏冷凝用
4	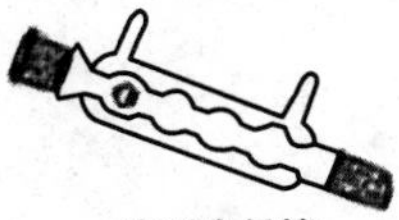 球形冷凝管	19# ×2	一般用于回流
5	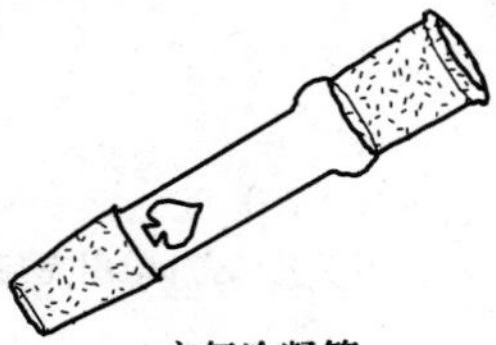 空气冷凝管	19# ×2	一般产物沸点高于 140℃蒸馏用
6	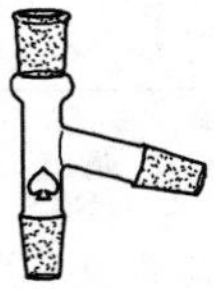 蒸馏头	14#，19# ×2	与圆底烧瓶、冷凝管等连接成蒸馏装置
7	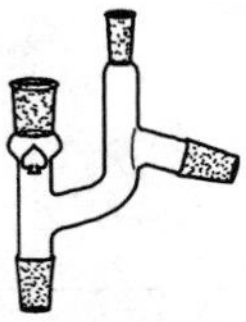 克氏蒸馏头	14# ×3，19# ×3 14# ×2，19# ×2	减压蒸馏时用
8	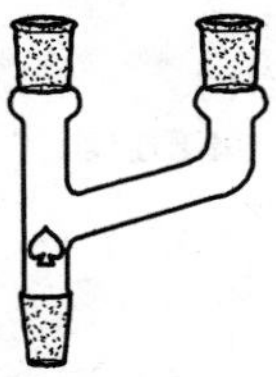 Y形管	19# ×3	上两口可同时连接滴液漏斗和回流冷凝管

续表

序号	仪器图示与名称	规格	用途
9	牛角管　真空接引管	$19^{\#}\times 2$	用于连接冷凝管和接收瓶；真空接引管在减压蒸馏时用
10	抽滤漏斗	$19^{\#}$	用于减压过滤
11	分水器	$19^{\#}\times 2$	用于共沸蒸馏，用完后立即清洗
12	抽滤瓶与布氏漏斗	$19^{\#}$	配套使用，用于减压过滤，不能直接加热
13	恒压滴液漏斗	60mL 125mL ($19^{\#}\times 2$)	用于连续反应时的液体滴加

续表

序号	仪器图示与名称	规格	用途
14	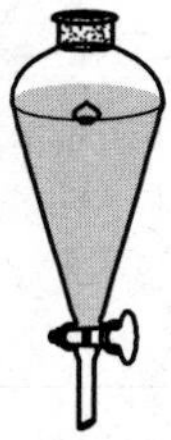 分液漏斗	125mL(19#) 250mL(19#)	用于溶液的萃取与分离
15	 球形滴液漏斗	60mL 100mL	用于连续反应时的液体滴加，并且可以直接把液体加入反应瓶中
16	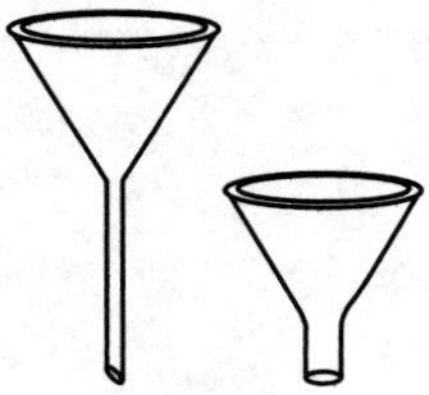 长(短)颈漏斗	普通	用于常压过滤；短颈漏斗常用于趁热过滤
17	 温度计	100℃ 200℃	用于测定溶液温度或者液体沸点
18	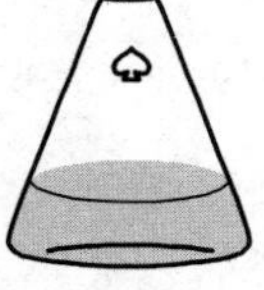 锥形瓶	100mL 250mL	多用于接收液体或者液体的盛装

续表

序号	仪器图示与名称	规格	用途
19	b形管		用于熔点的测定
20	干燥管	19#	用于气体或者液体的干燥

注：表中"#"代表玻璃仪器的口径。

参考文献

[1] 强根荣，金红卫，盛卫坚．新编基础化学实验Ⅱ——有机化学实验．北京：化学工业出版社，2020.

[2] 胡彩玲，刘小忠．有机化学实验．北京：化学工业出版社，2020.

[3] 索陇宁．有机化学实验技术．北京：化学工业出版社，2019.

[4] 汪志勇．实用有机化学实验高级教程．北京：高等教育出版社，2016.

[5] 高职高专化学教材编写组．有机化学．5版．北京：高等教育出版社，2020.

[6] 段益琴．有机化学与实验操作技术（项目化教程）．北京：化学工业出版社，2022.

[7] 邢其毅．基础有机化学．3版．北京：高等教育出版社，2005.

[8] 关海鹰，梁克瑞，初玉霞．有机化学实验．北京：化学工业出版社，2018.

[9] 兰州大学．有机化学实验．4版．北京：高等教育出版社，2017.

[10] 蓝虹云，黄道战．乙酰水杨酸的合成与制备．民营科技，2012（9）.

[11] 周志高，初玉霞．有机化学实验．4版．北京：化学工业出版社，2022.

[12] 茹立军，李文有，张禄梅．有机化学实验技术．2版．天津：天津大学出版社，2018.

[13] 贾俊仙．有机化学实验．北京：中国林业出版社，2022.

[14] 徐惠娟，龙德清，王欣．有机化学实验技术．2版．武汉：华中科技大学出版社，2020.

[15] 赵建庄，梁丹．有机化学实验．2版．北京：中国林业出版社，2018.

[16] 秦永华，严兰兰．有机化学实验．北京：化学工业出版社，2024.